U0595489

我就是个普通人

La felicità sul comodino

［意大利］阿尔贝托·西蒙尼 / 著

罗伊伊 / 译

江苏凤凰文艺出版社
JIANGSU PHOENIX LITERATURE AND
ART PUBLISHING

图书在版编目（CIP）数据

我就是个普通人 / (意) 阿尔贝托·西蒙尼著；罗
伊伊译. -- 南京：江苏凤凰文艺出版社，2021.10
ISBN 978-7-5594-4451-6

Ⅰ.①我… Ⅱ.①阿… ②罗… Ⅲ.①成功心理 – 通
俗读物 Ⅳ.①B848.4-49

中国版本图书馆CIP数据核字(2020)第005209号

著作权合同登记号　图字：10-2020-222

Party B will also include in the Licensed Edition the title of
the Book in Italian and the Author's name together with an
acknowledgement that the Book was first published by Party A,
as follows:
2018 ©TEA S.r.l., Milano

我就是个普通人

（意大利）阿尔贝托·西蒙尼　著　　罗伊伊　译

责任编辑　周颖若
特约编辑　孙文霞　刘文文
装帧设计　
出版发行　江苏凤凰文艺出版社
　　　　　南京市中央路 165 号，邮编：210009
网　　址　http://www.jswenyi.com
印　　刷　唐山富达印务有限公司
开　　本　787 毫米 × 1092 毫米　1/32
印　　张　6.5
字　　数　120 千字
版　　次　2021 年 10 月第 1 版
印　　次　2021 年 10 月第 1 次印刷
书　　号　ISBN 978-7-5594-4451-6
定　　价　49.80 元

江苏凤凰文艺版图书凡印刷、装订错误，可向出版社调换，联系电话025-83280257

序言一 ┃ **布拉克巴多综合征**
　　　　　　　——强迫性分享症

　　就算你们从来没有听说过"布拉克巴多综合征"，也不必费心去维基百科或最新的心理学手册上查找了。

　　虽然这种"症状"极其普遍，且没有性别、种族、国籍、年龄、社会经济地位或宗教信仰之分，但奇怪的是，你几乎找不到任何有关于它的"正式"信息。

　　虽然有数十年的心理研究经验，但我仍然没能找到任何关于这种状况的介绍。

　　但事实上，所有人都可能接触到这种状况，

至于会在什么时候接触，那就只是时间早晚的问
题了……

　　我也是偶然发现这种状况的，并且很快察觉
到，甚至连我自己都是这种状况的受害者。而且，
我周围很多熟悉的人也都出现了这种状况。

　　说起这个状况的命名，那就不得不和大家说
一说我见过的情况最严重的"患者"了，也就是
我的"零号病人"，这个世界上我最爱的女人——
我的罗贝塔，我亲爱的妻子。
　　从我们相遇的那一天起，她对我来说，几乎
就是我所有发现的灵感来源。

　　那怎么判断我们身边的人有这个"强迫性分
享症"呢？很简单。

像我的罗贝塔这类人的特征其实是非常明显的：她们几乎藏不住任何有趣的事，不能独自享受愉快的时刻，让她们一个人去感受幸福和美好几乎是不可能的事情。因为她们对分享的需求是必需的、一定的，甚至是强迫性的。

我们的孩子们对这点也感受颇深。每当罗贝塔在餐桌上吃到了好吃东西的时候，她就会立刻用叉子把它们塞进你嘴里，让你也能尝到她刚刚吃到的美味。

等到了晚上，当我们在床上各自读着自己喜欢的书时，我跟你打赌，几分钟后，她便会为你大声朗读她刚刚读到的喜欢的句子。

对于怎么让她明白"我更想专注于自己的阅读"这件事，我确实是无计可施。

　　她绝对不会停止将那些各式各样的逗乐、煽情或哲理的故事分享给我。

　　对她来说，所有的喜悦都是在和其他人分享的情况下才有意义。就算她已经亲身参与了某些事情，但是直到与大家分享的那一刻，她的感受才变得真实起来。

　　强迫性分享症（布拉克巴多综合征）的名字源于我妻子的一段童年故事。

　　当我们还是小孩子的时候（唉，那已经是20世纪的事了），那一代的孩子们应该都记得，在当时稀缺的电视节目中，有一个下午档节目，叫作《孩子们的节目》，它集结了很多小孩子们喜欢的电视连续剧、动画片、游戏，还有一些其他的儿童节目。

　　节目里有一部动画片，是由哈娜和芭芭拉创作的，叫作《布拉克巴多秀》。

　　布拉克巴多是动画片的主角——一只可爱的小狗的名字，它遇上倒霉事儿无数，但仍然不屈不挠保持着乐观主义精神。

　　在这部动画片的片头曲中，动画片里的所有角色都会站在一起，唱着："我们都在一块儿。"召唤着小观众们一起来观看。等到片尾时还有一句必不可少的结束语："所有人都来吧，我们想看，布拉克——巴多——秀！"

　　这是罗贝塔小时候最喜欢的节目，她不会因为自己的任何事情错过它。而且她已经把那句"所有人都来吧"看作是欢乐时光即将到来的前提条件。仔细想想，好像很多守着电视等着看动画片的小孩子都有这种习惯。

　　因此，当《布拉克巴多秀》的片头曲音符响
起时，如果小罗贝塔的兄弟们不在她身边，她就
转身离开屏幕去寻找他们：对她而言，那一刻必
须所有人一块守在电视机前观看节目，否则便会
很让人失望。

　　成长过程中有兄弟姐妹的陪伴，对我的妻子
来说是一件必不可少的事情，因为那些幸福的片
段本该就是这样，一家人在其乐融融中互相分享
喜悦。

　　从这个故事开始，我戏谑地把罗贝塔以及那
些像她一样忍不住和周围人分享快乐的人命名为
"布拉克巴多综合征"患者。

　　但同时，我也不得不向大家承认，由于和一
个症状如此严重的"病人"结婚，我也"感染"
了这个综合征！而且我的情况已经严重到，尽管

我早已把写作变成了我的职业，但是我从来没有想过，有一天我甚至会专门写一本书来谈论幸福。

现在，我唯一的愿望就是可以和更多的人分享我在幸福学上的发现和研究（并且不是以大家所熟悉的编剧和导演的身份）。

寻找幸福的旅程

　　我认为这将是一场由讨论、交流、阅读、经验和知识组成的长途旅行，虽然这个领域涉足的人并不多，但也有很多有趣而且实用的知识。

　　再说了，谁不渴求幸福？谁不希望能得到爱的人的回应？我们之中，有谁一生中没有感知过一次幸福的时刻？

　　我不相信，世界上有一个如此孤单的灵魂，即使在最被人蔑视和悲惨的情况下，不曾有过一瞬幸福的生活。

也许，从此之后他的余生都将用来回忆和思念那种幸福。因为幸福一旦出现，便深深吸引着我们；在使我们头脑发昏之后，它又离开了。

毕竟，谁不想要幸福快乐？我们用手机不停地照相、录影，就是为了捕捉一些幸福的时刻，并分享给亲朋好友或者让自己在未来可以回味。但是，那种幸福的时刻总是短暂的，我们很难去把握，而且它走了以后我们会觉得更挫折或沮丧。

幸福有时很少出现，甚至令我们感觉它是一场幻梦，只是在不快乐时短暂出现的海市蜃楼。

但相反的是，在这本书中，我们将讨论的是一种实实在在而又持久的幸福。它使我们更多地享受自由、稳定的情绪和平静的内心，令我们完全融入所处的世界。

　　我们将共同探索一些无形而微妙的身体和心
灵机制。但有时因为这些机制，我们把生活中的
事物复杂化了，与原本懂得享受、感激生活的状
态背道而驰。

　　有人可能会说，你说的只是一种乌托邦式的
理想社会罢了。但就我个人而言，我用这样的状
态生活已有一段时间了，我认为这并不是空谈。
任何认识我或在社交网络上长期关注我的人，都
知道确实如此。我永远不会写一些我不了解或者
没有亲身经历过的事。

　　作为"布拉克巴多综合征"患者的一员，这
就是为什么我必须与准备实现人生蜕变的人们分
享我所有发现和体会的原因：拓展他们对于人生
现实的认知，深入一种新的思想领域。

本书的每一段都隐藏着一盏灯，准备好被你打开，以照亮你的处境和帮助你发现自己的精神空间，让大家可以找到一个新的方向和新的视野。这将会为读者提供理想的条件，让读者重新展开自己的旅程，并为自己的生活规划好新的路线。

让我们明确：我不会为你做每件事。作为一个探索未知领域的引路者，我可以为你提供路标，甚至地图，但寻找幸福的这段旅程只能由你亲自去完成。

如果我们开始了解自己和我们需要的幸福，我们会发现世界将展示它使我们快乐的力量，无条件地把它的爱与我们的爱结合起来。

因为当你改变的时候，你周围的世界也会为你而改变。

如果"获得人生幸福"的想法没有令你望而

却步，而且你也不会为此反感，那么我们就开始第一步吧：就在此处此刻，行动起来！你只需要与自己签订一份关于幸福的小小的协议，并且你要明白，就像任何其他学科一样，追求幸福也需要努力付出和实际运用。它需要意志、决心，甚至需要舍弃一些东西，但这一切都将有清晰的目标和动机作为你背后的支柱。你不觉得这个挑战值得一试吗？

如果你认为"幸福"这个词太过郑重其事，你也可以选择用轻松一些的词来代替它，比如：舒适、平和、和谐、平衡……它们并不完全等同于"幸福"，但肯定也是通向幸福的"必经之路"。

相信我，在这次旅程中，我们唯一需要真正付出努力的，就是放弃我们曾经的那个小小的避风港，放弃一切不必要的固执和怀疑，克服那些消极和自我设限的想法。我们总是很难意识到，自己已经不知不觉间成了这些消极思想的俘虏。

如果你觉得这些话深有同感，那是因为"不幸福""不快乐"这些阻碍我们生活的想法总是拥有许多的帮手。古印度对此相关的阐述也让人震惊："头脑中的那个小小的声音永远不会停止与我们交谈，它评判、批评和贬低我们生活着的或思考的一切，它对所有的事都抱有消极想法，包括我们自己、他人和周围的一切事物。"

现在，某些人可能会说："得了吧！如果幸福是真的存在的，那为什么我们看起来还是活在一个满是悲伤、不幸、抑郁、疲惫的世界里呢？""面对世上发生的所有不幸、问题和冲突，我们该如何处理？"最后追问，"就算我们是幸福的，我们又如何与别人的不快乐共处呢？"

　　当你这样思考时，我不想断言说你获得幸福的可能性为零，但毫无疑问，你追求幸福的旅程会变得格外困难。

　　在对如何收获幸福怀有疑虑的情况下，探索心灵是我们去寻求更优越的条件、开发创造力和挖掘自身天赋最好的方式，心灵上的成长能使我们改变一切。

　　如果你们想向自己证明心灵成长的可能性，只需要回顾一下人类的历史和人们在这个星球上的漫长旅程。人类本身就拥有强大的力量和无限的可能性，去突破任何内在或外在的限制。几万年的进化史就是属于人类的奇迹。

　　如果我们想要谈论"幸福"这个话题，除了

我们现有的观念，我们还要将一些特殊的"力量"纳入考虑范围，我们甚至都不知道自己拥有着它们，它们以非物质的、精神的形式存在于我们的身体里。比如自信、耐心、坚定、毅力……拥有这些能量时，我们给自己设置的所有障碍与框架都将变得不堪一击。

哪怕是在一个世纪以前，人们对"有一天人类会像鸟一样飞翔"之类的观点，还会认为是疯子或幻想家的杰作。然而，只是在今天，人们已经不再满足于简单的飞行：人类已经数次登陆月球，正梦想着在这个浩瀚的宇宙中的某处居住。或许某一天，科幻小说里的故事也将变成现实，星辰大海已不再是梦想。

在我父亲那个年代（等我之后再细说他的故事），如果要给另一个城市的人打电话，得先去

电话局，把电话号码交给接线员，之后再耐心地
等到接线员叫他的名字，并告知他用哪台机器。

　　我曾经幻想过，如果当时的"我"告诉他，
不久后的一天，所有人（包括他的儿子在内）只
要在口袋里放一个小小的机器，就能立即与全世
界联系，不仅可以说话，还可以发送信息、照片、
视频、音乐以及任何类型的数据，不知道我的父
亲会做何反应。

　　或许父亲那时候也在想，很多年前他的父亲
只能通过信件与另一个城市的朋友交流，将写满
字的信纸投进邮筒，又在悠长的等待后拆开下一
封回信。

　　这就是为什么尽管生活总是同时给我们带来
希望和失望，我还是愿意相信，每一天人类都在
追求幸福、感受幸福的旅途中。

我希望，随着时代的进步，未来的人类能找到解决现在这些显然还无法克服的问题的方法，能阻止以各种名义发起的战争，弥补犯下的错误，实现所有人的和平共处，共享可持续又协调的自然资源……

有的人说，不快乐的人除了摧毁自己之外，还会给其他人制造麻烦。而有的人则坚持，不快乐也是神圣不可侵犯的权利。我尊重每一种选择和每一种观点，但我怀疑这些选择是否真正属于你自己的内心。

每天，在我们的交流过程中，我会尽力地帮助那些暂时处于不幸福状态的人，向他们提供有用的知识，帮助他们探索自身未知而无形的个人"力量"，我始终相信它们的存在。

让"不幸福"消失对于改变人类的命运是非

常关键的，我甚至认为，提高幸福感这件事与消灭致命的病毒、寻求世界和平和建立可持续的经济发展体系，是同等重要的。

从个体上来说，也有无数的科学研究表明，自信和乐观的人在解决问题时，往往比幻想破灭、愤世嫉俗和悲观的人用的时间更少，并且处理得更好。而且最有幸福感的那些人，他们的免疫系统也比其他人更加灵敏，治疗起来效果更佳，并且，他们的生病概率比不快乐的人低得多……

对于同样一件事，我们每个人都可能做出截然不同的反应。因此，让我们从自身出发，试试用更加有效和积极的方式来感受生活吧！

想获得幸福，仅仅是写或是读一本书肯定是不够的，但这是一个良好的开端，当然也是实现幸福的途径之一。

床头柜上的小确幸

谨以此书献给萝伯塔和我的孩子们

及我的老师们

你所给予的，永远都会属于你

你不愿给予的，是你永远失去的

目 录

是什么阻止了你的幸福　　　　　001

宇宙法则　　　　　　　　　　　005

完全接纳生活　　　　　　　　　011

改变一直在寻爱的自己　　　　　014

时间记忆　　　　　　　　　　　019

我们如何解读世界　　　　　　　024

大写的幸福　　　　　　　　　　030

消极心理　　　　　　　　　　　035

赋予生命意义的是
那些用金钱买不到的东西　　　　041

哪怕不是一帆风顺，依然保持良好心态　043

精灵神灯　045

自然界中没有什么是不可分割的　051

被藏起来的幸福　060

抱怨是无济于事的　063

你真的想拯救世界吗？　068

我们也曾每天微笑四百次　070

你想改变你的生活吗？

从十二小时改变开始吧　077

你已是完整的　080

你即你感受　086

语言的力量　091

我们是梦想制成的生物　096

象征我们人生起点的房子　100

发现消极事件的意义　106

幸福的三个基本要素　110

内心的平静　117

我们为什么会生病？如何自愈？　120

善总会战胜恶　125

控制欲   130

真正地活着   137

长柄汤匙   141

不喜欢？去改变吧！   144

互惠准则   148

谎言源于恐惧   152

"报复者"与"自愈者"   155

你的名字代表不了你   161

无须畏惧   165

找回我们的主动权   166

告诉自己   170

重拍你的人生电影   173

结语   176

致谢   179

是什么阻止了你的幸福

　　如果你想要找到一个让自己不开心的理由，那太简单了，只需在众多事务中随便做个选择就好了：看看你冗长的"犯错清单"，或者想想那些没能如你所愿的事，什么都行。反正在这个"不幸福"列表上，你每天都可以加入新的内容。

　　有时你试图欺骗自己，你告诉自己，"我能控制一切"。但当你发现自己能控制的只不过是发生在你身上的极小的一部分事时，你就会感受到无尽的挫败感。

　　如果你长期以来积累的"犯错清单"和电视

上播放的负面新闻还不够让你感到"不幸福"，那你还可以再去找找当天或者过去发生的其他负面消息。就算这些已经都是年代久远或与你无关的事儿，也很可能引起你的共鸣：那些悲剧事件使你想到了自己的遭遇，让你的思想受到局限，对你的成功设置障碍，让你通向快乐的道路变得更加堵塞和狭窄。

　　让我来告诉你一个秘密：尽管有些事儿是你可以处理的，但坏事情依然永远不会停止。

　　如果这些伤心事儿没发生在你身上，那可能就发生在你认识的人身上。如果你认识的人也没遇到这些负面的事情，那也一定会在这个世界上的某处发生。

　　每天，你都可能会被冒犯、被打击，会感到失望沮丧。每天，你总会遇到一些小问题，有时有些事儿简直糟糕透顶，甚至让你后悔来到这世上。不是吗？

你得从现在开始意识到，如果你想拥有充实而幸福的生活，你就必须停止过度的思虑。行动起来，只有幸福才能打破一切不幸。

生活已经把幸福和绝望的理由都摆在你面前。但好消息是，现在由你来决定该给哪种心情更多的空间、分量和价值。

放弃空想吧，当种种问题得到解决、障碍被消除或是目标实现时，幸福就会自己出现。

当你相信童话故事时，你的人生只会无情地流逝，直至终结。这种心态甚至会让你忽视很多美好的事物，哪怕它们就从你身旁经过。它蒙蔽了你的双眼，使你看不见那些使你独一无二、不可复制的人或事。

让我们重新塑造自己的思想吧，每天一点一滴地重新关爱自己，去拥抱哪怕最微小的值得幸福的理由，让每一点快乐变得更加重要；你很快就会认识到，即使有些小事没有走在正常的轨道上，你也不必因此改变对生活和他人的信心。

训练你的心，重新去感谢生命中的美好，从感激自己还活着、可以自在呼吸这些简单的事开始，感激能活在这世上的好运——虽然有一些事令人操心，但我们至少不用为食物和水发愁。

珍视那些不管境遇如何，仍然陪伴在你身边的人、爱你的人和欣赏你的人。

学着接受：永远诸事顺利是不可能的，但也不能任由不愉快的事抹去你幸福生活的权利，夺走你与他人分享快乐的乐趣。

宇宙法则

我们宇宙的运行被两条法则所控制。

这两大法则在物理书中是找不到的，但如果你了解它们，并且试着去运用它们，你的生活将很快有所改变。

第一条法则：宇宙具有二元性。

这条法则规定：如果某样事物的对立面不存在，那它自身也不存在。

如果你问一条鱼，"水是什么？"就算鱼可

以说话，它也不知道该如何回答你。鱼不知道它
自己是湿润的，因为它对干燥一无所知。

　　我们并不是鱼，我们知道许多东西的存在。
但我们了解的一切，都归功于事物对立面的存在。

　　你知道什么是光，是因为有黑暗的存在。
　　你知道什么是热，是因为有冷的存在。
　　你知道什么是恨，是因为有爱的存在。
　　你知道什么是战争，是因为有和平的存在。
　　你知道什么是疾病，是因为有健康的存在。

　　因此，如果不存在对立面的话，那么任何事
物都将不复存在。认识事物的对立面只是一种策
略，是你的思维感受到这个世界的方式之一。
　　例如，光明和黑暗，它们是不可分割的。当
你被白昼的光亮所照射时，黑暗并没有消失。它

正笼罩着地球的另一面。在地球某处，黑暗与光亮融合在一起，它们相辅相成，从不间断。

我们的思想也是一样的，尽管每次只能感知一件事，但它同时涵盖了融合的正反面。

第二条法则：世界是变化的。

这条比较容易理解，意思是说生活中的一切都在变化，没有任何东西是永恒存在的。

每时每刻，你的身体里都在发生着变化。每天，人的身体里大约有 4320 亿个细胞死亡，并被全新的、刚刚繁殖出来的细胞所取代。在短短四周内，你的每一寸皮肤都已经更新换代。在不到十五年的时间里，一个新的身体将取代你之前的躯体。

这样看来，对某些事情抱有过多的信任与期待，又有什么意义呢？因为它们总会逐渐消失或

者发生变化，就在你眼皮子底下慢慢发生。至少
从物理角度来看，你和前一天的你已经不是同一
个人了。

为什么我们需要知道这些法则呢？原因很简
单：这两条法则与我们的幸福直接相关。

拿第一条二元论的法则来说，它提醒着我们：
如果你的生活中没有任何消极、难过、悲伤的事件，
那你也将感受不到任何的愉悦，不能观察到事物
积极的方面，你永远不会再感受到幸福。

我认识一些人，他们生活的地方从不下雨，
天空也永远是蔚蓝的。他们中的很多人外出度假
时，会特意选择寒冷的地方，因为在那儿他们可
以穿外套，偶尔被雨淋湿或能摸到雪花。

所以，即使是遇到了很严重的坏事，我们也

要认识到，它们的确存在某种积极意义（尽管这很难去接受），不破不立，破而后立，大概就是这个道理。

而且，我们还幸运地拥有第二条法则，即世界的变化无常。

根据这条法则，你会知道，当你状态不佳，甚至非常糟糕时，这种情况并不会一直持续下去。

从某种程度上来说，负面事件是依附于积极事件的。根据二元论的法则，消极负面事件注定会让位于其对立面，就是正面的积极事件。如果用世界变化法则来解释，就会知道这些糟糕事也终究会过去的。

这便是宇宙的本质。

　　尽早学会生活这场欢乐游戏的规则，你就可以尽早地掌握主动权，不去扮演受害者的角色。你的知识越丰富，你的主动性就会越强，就越能在生活的风暴中乘风破浪。

完全接纳生活

　　我认为，幸福是源于感恩的。我们不是要感激某样物品或者某件事，我希望，我们能从感恩生命本身开始。好事和坏事总是会不停地交替进行，这并不在我们的控制范围之内。我们能做的，就是调整好心态，为好事感到幸福，也会偶尔为坏事感到沮丧，接受生活带来的一切。

　　所以，生活在感恩之中吧！暂时放下你要完成的和待解决的事情，不然你的注意力会不由自主地集中在它们身上。别去回忆或是反复思考那些没有按照你的意愿发生的事情，在过去的某个时刻，它们已经让你感到伤心、失望和沮丧了。别去祈求未来会发生某事，这会让你抛却顾虑，更加幸福。

交替不间断地进行这些心理训练，列出认为自己幸运的所有原因，特别是你与生俱来的天赋、毫不费力收获成功的事。

如果你的身体健康，你就是幸运的。关于这点，我可是认真的，当小小的流感便让你脆弱得不堪一击时，你就会意识到这一点。一般在那个时候，一切事情都不再重要，你唯一的愿望就是不再受病痛折磨，不是吗？如果有人爱着你，或者有一个总在你身边的朋友，你该是多么幸运啊！在外面的世界里，有多少孤独的人，他们不被他人需要，也很少感受到关爱。如果你的餐桌上摆着丰盛的食物，也要记得感恩，因为这并不仅仅取决于你个人的赚钱能力。这些年，我们已经发现我们的经济形势是多么不稳定，对一些国家和地区的人来说，每天能吃上一顿饭已经成了一种奢望。

经常在纸上记下一些让你的生活变得更美好的事物，可能是陌生人的一个微笑、窗外明媚的阳光、上楼时刚好电梯到了……进入梦乡之前，最重要的是怀着感恩的心情入睡。当你醒来时，应该为自己能呼吸、微笑、思考，同时开始新的一天而感到幸福：你是被上天宠爱的孩子。让我们一起发掘这些在完全接纳生活之后的快乐吧！

改变一直在寻爱的自己

你知道吗？在缺少食物的情况下，新生儿还能生存几天；但如果他没有得到爱抚和身体的接触，没有得到他人的爱，就会很难活下来。在婴儿出生后的几天里，如果对他疏于照顾，可能就会给他造成严重的甚至是永久的身体上和精神上的损害，在某些情况下，甚至会导致死亡。

因此，在新生命开始的阶段，爱甚至比食物更重要。哈罗恒河猴实验充分证明了这一点：研究者将小猴与猴妈妈分开，让小猴子们在一只提供牛奶的金属猴和一只柔软的绒布猴（但不提供任何营养物质）中做出选择。在漫长的实验中，小猴子们总是选择和柔软而温暖的绒布猴子待在一起，宁愿放弃那位冷冰冰的"母亲"，即使是"她"为小猴子们提供食物。

如果你也遇到了这样的情况，也许你会做出相同的选择。被爱对我们每个人来说都是至关重要的。即使只是零星的爱意，我们也能因此感受到自己在这个世界是受到欢迎的，我们值得被爱和善良以待。

在人生路上，我们总是向往着他人给予的爱、接纳与认可，渴望着别人给我们积极的回应，这些期待甚至影响着我们性格的塑造；这种心理机制也关乎着我们的生存，它操控了我们的行为和态度，甚至会使我们偏离真正的自我。

正是由于这样，这个期待的过程逐渐变成一

场场"交易"，它让我们一点一点地放弃真实的自己，用另一个身份来代替它，我们都戴着伪装的面具，因为面具更有利于我们得到想要的东西。

就这样，我们中的大多数都慢慢接受了一个本不属于我们的身份，和并不合适的伴侣在一起，做我们不喜欢的工作，承认一些正确的观点，但事实上它们根本不是真正的我们，也无法代表我们。

幸运的是，有时这种"推翻"自我的巨大痛苦，会使我们从自我欺骗中醒来，开始一场艰难而痛苦的回归本性之旅。

当这场旅程结束时，坚持到底的勇者会获得他们最终的奖品：即便他们知道自己并不符合理想的完美模型，但是他们学会了爱自己和宽恕自己。过去他们曾错误地相信，只有变得完美，才

有资格获得爱、认可和支持，这个想法根植于他
们的脑海中。事实上，能满足我们爱的需求的，
并不是变得完美或改变真正的自己。而是在经过
觉醒和重生后，重新点燃我们对自己的爱。

　　"我们需要被爱"其实是建立在人们的认知
错误基础上的，如果认识到这一点，我们就拥有
了宽恕自己的动力,挽回那些为了构造虚假的"我"
而造成的不良后果。

　　如果我们试着更加诚恳、真实和自然，认识
到我们的局限性，向世界展示我们脆弱的一面，
也许我们会被人否定，但我们会知道，那些人爱
的不是真实的我们。作为替代，我们也会找到新
的朋友，生活将变得更加美好、轻松和宽容。

　　如果我们重新去认识自己，并了解我们最真
实的需求，我们身边的人也会更理解我们。

　　虚伪的朋友和错误的人际关系将离我们远去，更美妙的是，我们真正需要的事物将来到我们身边，帮助我们过上充实而有价值的生活，实现自我并获得我们一直渴望的一切。世界也将展现出它令人幸福快乐的能力，无条件地用爱包裹我们。

　　因为当你愿意走出改变的这一步，你身边的世界也将神奇地改变。

时间记忆

对我们这代人来说，最难处理的事情之一，莫过于一只脚仍踏在过去慢悠悠的生活，而另一只脚已经跨向了飞速运转的未来。

举个例子。我时常旅行，但无论你在哪儿看到我，我总是在与我生活中的人们保持联系。我们经常在有需要的时候甚至是无聊的时候进行沟通，联系的方式我们也有很多社交网站或应用程序可以选择。

我们在家里、街道上、汽车上、火车上、飞机上都能通信，始终保持着联系。

　　然而在我的心底，仍旧埋藏着一段孩童时的记忆：我小时候住在南部的一个小镇，它在西西里岛；而每周我的父亲至少有一次不得不因为工作事务，打电话去米兰或罗马。

　　即使是像我们这样在家里装了庞大而笨重的转盘式拨号电话机，也没法打电话到城外。想要拨打所谓的"城际电话"只能亲自跑一趟电话公司。

　　对我来说，陪父亲打电话是一段奇妙的时间。我们得一直等到晚上十点，因为在那之后打电话的费用会低一些。也是这个原因，我被允许比平常更晚一些睡觉，打破了我喜欢的电视节目播完就上床的规矩。

　　电话公司离我们家步行十分钟左右，走这段路的时候，我们总是保持沉默，也许是因为这时候父亲正在暗自思忖稍后电话里要讲的内容。

当我们到达时，已经有一些在等待的人了，他们都待在有着大大的皮革扶手椅的房间里。在那儿可以吸烟，每个扶手椅旁边也都配有一个带着机关的烟灰缸，按下开关，烟灰和烟蒂就会掉进容器内。

在长长的柜台后面，有一些年轻的女士们，她们是电话接线员。父亲把他的名字和需要拨打的号码递给她们其中一个，然后他在空着的扶手椅上坐下，点燃一支烟。

所有人都在默默地等着轮到自己。这时候保持安静很重要，因为电话接线员会时不时地大声呼唤某个人的名字，再附上电话室的编号。被叫到的人便迅速地在烟灰缸里掐灭烟蒂，然后跨着轻松的步伐走进隔壁大厅，那里有一排很长的电话室。

　　透过巨大的隔音门和透明玻璃，你可以看到哪些电话室是空着的，哪些是被占用的。趁它们的灯还没亮时，我玩游戏似的在那些空的房间里进进出出。当我走进房间时，一个隐藏的装置会把电话室的灯打开，把沉重的门关上后，你能感受到一种在其他地方无法拥有的寂静。

　　电话室里，隔音涂层散发出浓郁的皮革气味。那儿有一个托架，听筒挂在钩子上。

　　等到年轻的接线员女士大声地叫着我父亲的名字，并告知他已经接通电话的电话室号码后，我就跟着他一起走到电话铃响起的房间，然后和他一起待在里面。

　　父亲打完他的电话，然后去付钱，那时的电话费是按照通话的时间来算的。我们又重新走在了回家的路上。即使已经打完电话，我们依然保持沉默。也许他还在回想刚刚打过的电话，思考这会对他的工作和财务状况产生什么样的影响。

那时我什么都没想，只是很高兴能与他一起进行那些夜晚的小冒险。

几年后他去世了。那时我才十二岁。时间仍然走得很慢。而这些回忆，变成了我心里的珍珠。

我们如何解读世界

　　动摇了我对"世界"看法的这件事，完全是一次偶然。那是一个星期天的早晨，我待在自己乡下的房子里。

　　那时全家人都还在睡觉，我独自醒来之后，不知怎么地依然有些困意，眼神停留在书房里的一张木桌上。

　　最初我看到的东西与他人看到的无异：一个实用的、静止的和无生命的物体，有四条桌腿和一层隔板，色彩美丽。突然，我的脑子里冒出一个奇怪的想法。我开始想象，如果我能将那张桌子其中一毫米部分放大数百万倍，就能观察到数十亿的分子、原子和粒子正以肉眼无法察觉的速度旋转。

我继续着散漫的思绪游离。我知道，与我的感官告诉我的相反，那张桌子并不只是一个坚固而静止的物体，包括这个房间里的所有物体，地板、天花板、墙壁，乃至整个房子。

我忽然感受到，周围那么多静止不动的物体，在那一瞬间，好像全都充满了活力和能量。也是在那个时候，我突然意识到，如果不是受到光学和视觉的局限，我们就能看到整个世界其实都在以自己的方式存在着，现在我们看到的，都只是物体复杂而迷人的一个局部。

总之，根据这几十年来科学家们经过不断探索得出来的结论，我明白，相较于恒星、行星和宇宙尘埃而言，我们对世界的认知并不比一只蚂蚁丰富。

爱因斯坦、普朗克还有很多物理学家的研究结果都表明，当超出一定的规模时，物质将不再以我们习惯的形态出现，而会展现出其原始本质的面貌。现在的我们观测到物质的能量以粒子的形式出现，或者仅仅能测量到它的波动或振动频率。这是因为对"物质"本质的研究暂时受限于我们人类的能力，但这并不意味着它们是不存在的。

其实，也就在那个星期天的早晨过后，我开始用更加细微的观点去解读事物：不仅仅只有可视化的东西才是真实存在的，有些无形的事物也是真实存在着的。

　　而在我接受了这种思维方式的那一刻，我也不得不改变对自己、对周围人的看法。

　　和我们共存的宇宙一样，我们也是由分子、能量和波组成。我们的身体和能量场遵循同样的运行原理，即通过振动产生不同的振动频率。

　　也就是说，尽管我们个人的能量场是看不见、摸不着的，但它也在向四周扩散，持续地和周围的人、和身外之物发生反应。

　　按照这种说法，我们可以把人体看成双向无线电，当我们和别人使用同一个调频时，我们之间就可以发射、接收和交换信号。

　　这点或许可以解释，除了所谓的亲和力或是性格因素，为什么我们和某些人的相处就显得较

为融洽。这或许也能揭开一些谜团：我们为什么
会对特定的某个人产生兴趣？为什么我们觉得某
个人格外具有吸引力，甚至会突然坠入爱河？

　　这一切都很有趣，不是吗？就像我一样，从
那个星期天的早晨开始，这种强调精神作用的思
维方式进入我的视线，成为我认知世界的一部分，
极大地改变了我和我的朋友们的生活。

　　就像连锁反应一样，这种思维方式还会产生
很多其他的影响：当你不再只从事物的一个角度
进行分析时，你的思考就会获得全新的、精神层
面上的视野。

　　"精神"一词来源于希腊语，意思是"风"。
就像风一样，精神也是无形的。但是当我们看到
树叶或者天空中的云彩移动时，我们就能意识到

风是存在的。

同样，精神就是我们身体里无形的能量，我们能够通过观察人的身体情况与均衡状态，找到它的存在。这样，我们不仅能找到自己幸福的原因，也能观察到我们精神的不平衡和扭曲状态。

因此，我希望，你不再仅仅满足于注视你用双眼所看到的事物。

说这么多，只是想让大家接受这个事实：物质不仅仅是你用你的感官所感知的那一部分，还包含了很多更复杂、更深刻、更有趣、更有活力和更迷人的东西。只要我们给它空间，它就能发挥出令人惊异的创造性，用难以想象的方式满足我们的需求。

大写的幸福

　　有人常常用这样的话来反驳我："面对世界上这么多的灾难和痛苦，我们怎么能幸福？当你听说了身边人的不幸、社会的不幸乃至整个世界的不幸，你怎么还能感受到幸福！"

　　就像他们说的那样，在这里，我所谈论的幸福与突发意外和情绪起伏无关，因为它们不受我们的控制。痛苦、贫穷、暴力、分离、折磨、疾病和死亡也是我们生命的一部分，它们是不可避免的。我所讲的幸福，并不包括外部环境的干扰，也并非指短暂的情绪变动。

　　当然，当你实现了自己设定的人生目标，或者当你运势良好、事遂人愿时，你肯定会觉得十分幸福。

　　可惜，当人们赢得了为之奋斗的东西后，又会开始害怕失去它，之前体会到的幸福感在担忧中逐渐淡去。或者，你已经意识到，满足自己的某个欲望并不能解决不幸福这个问题，于是开始迫使自己追求更多的东西。

　　在获得的快乐与失去的痛苦之间，生活就这样来回交替着。而这种反复无常的生活方式又不可避免地让你产生了空虚感，除了偶尔感到的短暂幸福之外，你将一直缺乏安全感，而且难以被满足。

　　但今天我想和大家谈论的是一种持久的幸福，是独立于任何外在条件的。无论发生什么，它都存在着，一直归于你的内心。它就像是血管中的血液一样流动着，只要你还在这个世界上存在和活动，它便不会消失。

这种幸福是天生的、本能的，你无法去控制它，正如你无法控制你的呼吸和心跳、指甲或头发的生长，也无法控制日出日落或四季变换。

这种幸福触手可及，它会伴随你左右，帮你汲取力量，提醒你无论好事还是坏事都只是暂时的，但你身体中所涌动的力量是不会停止的；而且在任何时刻都会一直支持你，陪伴你渡过难关、痛苦甚至悲剧，直到你发现你比这些困难更加强大。

最重要的是，这种幸福会说服你放弃很多消极的想法，比如："我做得还不够"，"我不值得拥有爱、好运和财富"，因为任何人都不可能做到永远完美的地步。

　　那我们要如何找到这种与生俱来的幸福呢？

　　从现在开始，你需要相信自己是完整而没有缺憾的；相信你并不是孤身一人，因为你和你生命中的一切都充满了各式各样的联系；你需要明白，你的生活是上天的恩赐。去了解你的本性、你的思维、你的内心……你会轻松地从生命赐予你的"礼物"中不断获得支持和力量。

　　当你明白这些之后，以这种新的思考方式为起点，你才能接受：逆境和负面事件也是生活这场游戏中不可避免的一部分，甚至，你会明白它们的意义和价值所在。

　　当你学会顺其自然和接受，放下控制欲，你会找到你所在的世界里极致的美丽和圆满。每当你与生命的力量结合时，你就会感受到它的作用，你将充满感激，体验到存在于这世间永恒和无限的快乐。

　　回想一下我生命中发生过的悲伤故事，它们
并非屈指可数，但我想告诉你们这则充满了力量、
光明和爱的启示，这在我的心灵旅程中一直支撑
着我。

　　拥有大写的幸福就是真正认识到，我们拥有
力量、归属感和无条件的爱。当我沉浸在这种幸
福状态时，我不再需要去和痛苦与折磨的事做
抗争。

　　而且我知道，即使我正与生活的曲折变化做
斗争，我也可以在任何情况下都感到幸福。

消极心理

　　我们知道，人们的思维总是被负面信息和情绪引导，被坏消息、灾难和冲突所吸引。如果不是因为我们对负面事件的"趋之若鹜"，看新闻或读报纸的人也许会少得可怜。更不用说一些吵架节目了，一群封闭在电视机内的"演讲者们"，带着极度的自信和虚荣活跃在舞台上，他们互相攻击、顶撞和侮辱，寻求短暂的言语胜利和几分钟虚荣心的满足。他们让观众们分为了支持派和反对派相互比较，从斗争中得到乐趣。因此，这类节目的收视率总是节节攀升。

　　这种容易被负面事件吸引的现象，当然不是因为我们不够聪明，也不是因为我们存在某种自虐倾向。它是由人类原始生存机制决定的：因为在我们祖先的时代，了解天灾人祸对制定防御战略和阻止更严重的灾难发生来说，是很有必要的。

　　尽管现在这种生存机制已不适用，但是我们的大脑依然像数百万年前一样思考，我们对周围发生的所有负面事件仍然展现出兴趣，因为我们以为自己可以学会如何阻止它们，并避免与它们产生接触。

　　最近有科学研究表明，一旦我们接触到坏消息，便很难忘记。相反，好消息、愉快体验及其带来的快乐感受，在脑海里留存的时间恐怕要少得多。

　　在实际生活中，我们大脑系统的判定模式是：

储存不好的经历、坏消息和负面情绪，会比储存正面事件更加快捷和有效（即使正面的事件给了我们积极的能量和幸福）。更严重的是，即便我们正处于积极的状态中，对生活保持着乐观向上的心态，但一旦发生了不好的事，我们的态度就会很快改变。相反，当我们带着消极情绪时，即使出现了希望的曙光，我们也很难摆脱之前的阴霾，心态的转变也要复杂得多。

就像精准的计时器一样，我们的行动往往也不自觉地按照这样的机制进行：负面思维已经伏击好，时刻准备用绝妙的理由为自己正名。

想象一下下面这个场景，你是不是也能从中找到自己的影子呢？有人送给你一件新的纯羊绒毛衣。不论是颜色、柔软度还是编织方式，你都非常喜爱。于是，你决定在一个朋友聚会上穿上它。

聚会上所有人都赞美这件衣服多么适合你，甚至你走去洗手间的时候，还微笑着收下了许多赞美。然而，对镜自赏时，你突然发现一个小小的瑕疵：在一个不引人注意的地方有一处开线。你的好心情便突然消失了。这个小毛病影响了获赠礼物的完美性，之前感受到的所有快乐和收到的恭维，你都不在意了。

　　你回到聚会，担心有人会注意到这点。聚会继续开着，每个人都一直夸赞你美丽的新毛衣。但你收到礼物的快乐，已经大打折扣了。不是这样吗？或许你并不会这样，但我向你保证，我认识很多以这种态度生活的人。你也许会想起某个你认识的人，他总是只看到事情的消极方面。

　　我们能用掌握的这些知识做什么呢？可以肯定的是，如果我们想要一个更美好、更愉悦的生活，我们需要注意，我们的思维并非总是往好的方向自觉地前进。

因此，我们必须付出额外的努力，在生活的实践中去培养和锻炼我们的心态，不要被负面事件吸引。我们必须有意识地和尽可能长时间地去观察、重视和关注我们生活中的积极事件，试着找到隐藏的积极方面，即使在最艰难的消极经历中也是如此。

尤其是当我们的思想陷入消极的沼泽时，我们必须学会尽快意识到这点，以便快速改变我们的能量状态。

怎样去做呢？转变话题，调换频道，亲近自然，动动身子，做一些让我们感觉愉快的事情，多与积极的人交往，看一部让我们开怀大笑的电影，听听喜欢的音乐，健康饮食，同时也丰富我们的精神生活。

　　简而言之，不要被我们的消极观念牵着鼻子走，只要我们与它势不两立，消极心理就无法影响我们的人生观。

　　配合平时良好的练习，学会专注于与我们有关的积极方面，更多地关注内心，重新指引心灵，去感激所有使我们生活多姿多彩的事物。

赋予生命意义的是那些用金钱买不到的东西

　　人们能购买到的物品，它们的期限和适用范围都是有限的，并非所有人都能得到。而且从本质上来说，它们都不能被永久使用。因此，尽管也存在使用年限较久的物品，但如果我们完全依赖于物质财富，我们的幸福将摇摇欲坠。

　　相反，思想、情感、感受、梦想、创造力、灵感、良知、直觉、信仰、知识和意识，这些都是你看不见摸不着的无形财富。

　　它们没有重量，也没有大小，在市场上你买

不到，也卖不出，它们随时可供任何人使用，取
之不尽，用之不竭。

　　仔细想一想，那些无形的事物才是你永远可
以信赖的，也是唯一能给你的生命带来意义和分
量的东西。

哪怕不是一帆风顺，依然保持良好心态

　　真正的生活艺术是：即使事情没有按照我们的意愿进行，我们依然保持良好心态。

　　当境遇不顺时，保持良好心态。不为此抓狂，不与现实脱节，不因痛苦不适而麻痹自我。
　　即使事情进展糟糕，也保持良好心态：永远不要放弃希望，事情迟早会好起来。

　　这意味着，我们的内心深处始终要相信，不论生命处于怎样的境况，它都注定会过去。

　　当遇上向我们袭来的洪流，特别是在它非常
强大的情况下，我们根本无法抗拒。在那一刻，
它比我们强大。它可以掀翻船只，让我们暂时被
水吞没。

　　但是，如果我们已经认识到它注定会过去，
会被其他事替代，即使我们暂时身处水底，我们
也会知道，我们很快就能浮出水面，发生的事情
最终都只是一段糟糕的回忆。

　　即使我们偶尔想起这些过往，我们也可以试
着去接受，"接受"在许多情况下都是一种健康
的生活态度，使得回忆没那么令人痛心疾首。但
有些时候，特别是当你依然还在惋惜过去，或认
为事情原本可能有不同走向时，"接受"也只会
成效甚微。

精灵神灯

　　早上你醒来时，有个精灵神从灯中冒出来，对你说："早上好主人，你所有的愿望我都会帮你实现。告诉我，你想让我为你做什么？"

　　在那几秒钟的时间里，你是完完全全、彻彻底底自由的。你能成为你想成为的任何人，做任何事情，做出任何决定，它们都是完美无瑕的。你甚至可以想想曾经做过什么梦，并决定，那就让它们成真吧。

　　然而，这种自由不会持续太久。因为很快你

的大脑就像计算机一样，开始加载那个记录了你能力和缺陷的操作系统。这个程序是在你的生活中逐渐形成的，它总是告诉你：你是怎样的人，你未来要做什么。

因此，在那一瞬间，你想起你所在的城市、你的年龄、工作、家庭、朋友、学历、回忆、银行存款或借贷，想起你在抽屉或衣柜里的衣服、你的住宅、汽车、手机、电脑和电视机。

也许你对上述这些都很满意，并且，它们都是你自己向往追求的。

如果情况并非如此，那是因为你曾经的经历和别人对你的评价，一天天、一点点地将你限制起来，把你困于牢笼，给你下了"定义"。所有这些都不可避免地限制了你的潜力和自由。

你很快便回忆起来了，在漫长的生活中，无

论身处何时何地，其实你一直都能自由地选择和改变你的生活。你在用自己的努力，让生活变得快乐和充实。

通常情况下，你的不幸福不是由不利的外部条件和环境造成的，而是出于你对自己施加的限制，出于你对自己的定义。这通常是你周围环境和人们对你期望的结果，从你出生的时候就开始了。

恐怕你已经坚信，去迎合这些他人的期望就是你人生的目的。你给自己加上了新的身份标签和附着品，去满足来自家庭、社会、经济、政治、文化和宗教的要求。

你做这些是为了生存，为了被接受，为了被爱。你做得真的很好。看起来没有其他办法。

但现在，如果生活中的某些事情你根本不喜欢，你也并不为自己是谁、拥有什么而感到幸福，那就意味着你不再需要这一切了。

你并不感到幸福，是因为你觉得你不再有选择的机会，你不知道如何解放你自己。因为那些你学会的东西，是你给自己束下的茧，把自己监禁起来。

好吧，你该醒醒了！

请记住，你不是生来就为做一只毛毛虫，你是一只美丽的蝴蝶！

如果你明白了这一点，你就可以离开你的茧，然后飞走，你还有很多的可能。

请记住，你生活的目的不是要满足他人的期望，而是要认识到真实的自我，那个藏在你所有的假面和说过的借口背后的自我，才是你难以言说的痛苦的根源。

你要懂得，你是带着一个尚待探索和实现的使命来到这世上的，这是你人生的目的。

不是所有人都非得这样做。大自然赋予所有种子同样的潜力，但只有少数能成为果实。其他的种子逐渐腐烂，重新进入能量循环，因为它们找不到生命的方向。

清醒的意识和克服困境的决心能帮助你区别于那些迷失的人。只要你做出决定，便能启动改变的引擎。

你要花更多的时间和精力来了解你自己和你的本质。当你找到你的使命时，你就会明白你生命的意义。之后，没有任何东西可以把你与你人

生的使命分开！记住，只有这样，才会让你真正
幸福。

　　找到你的答案，找到你的路，找到你的盟友。
让你的生活成为一件艺术品。

自然界中没有什么是不可分割的

很多年前，在我上小学的时候，我们用的笔记本封皮上总有一些漂亮的图画，它们展示的是那个时代科学领域最重要的成就。

这些封皮上的图画以一种潜移默化的方式，传递给学生们一种信念：在改善人类生存的科学发现与知识的支持下，人们是如何向光明的未来迈进。

比如说，有幅画描绘的是一个火箭，它的尾部点火照亮了星空。另一幅描绘的是在一个彩环中，太阳系里的所有行星。

在这些令人难忘的封面中，"原子"是不得不提的，在那个时代，它是人类对物质的研究中最高级别的科学知识的象征。画中央是个漂亮的小球，其他微小的彩色球体围绕着它高速旋转。

"原子"的意思是"不可分割"，这个词由来已久。在公元前四百年，古希腊哲学家德谟克利特便这样称呼它，将其描述为物质的不可再分的组成成分。

众所周知，几千年后，德谟克利特的理论被一种具有毁灭性和破坏性的方式推翻了——美国人向日本广岛和长崎投放了原子弹。

人们发现原子是可分的！原子裂变，可以释放出巨大的、破坏性的能量、热量和辐射。利用原子能，人们也开发了一些颇具争议的民用设施，但相比较原子弹来说，它们的使用普及度肯定更高，破坏性更小。

自二十世纪末以来，一些新的科学发现已经打破了许多物理学之前确定的理论。比如，爱因斯坦关于能量、光学和空间曲率的公式打破了牛顿物理学说的基础——尽管它解释了现实中相当大的一部分事物，却无法真正解释所有事物，特别是进入"无穷小"的范畴时。

事实上，在微观世界中，我们发现了比已知最小的原子还要小数十亿倍的粒子，而且那些粒子的表现模式我们仍然无法解释，因为它们可以先消失，再从看似虚无中重新出现。

似乎所有这些只和科研组织相关——这些埋头于复杂公式间的国际小团体，他们沉醉于宇宙内部的种种发现。但如果你想知道这些研究结果和我们人类有何联系，请再听我继续说说，那近几十年来最令人难以置信的迷人发现之一。

"缠结"

在观察那些似乎从虚空中产生的无穷小的粒子时，研究人员发现了一个惊人的事实。

在一个著名实验中，他们观察到：粒子间的碰撞会创造出其他粒子，这些在同一次碰撞中产生的粒子拥有相同的属性，因此被称为"孪生粒子"。

通过复杂的电磁干预，研究人员将"孪生粒子"分离，再分别对它们进行行为分析。他们先尝试对两个孪生粒子中的 A 进行旋转实验。

出现的结果至今仍是人类难以解释和接受的：在并没有对被隔开的孪生粒子 B 进行任何操作的情况下，当实验中的粒子 A 逆转时，孪生粒子 B

也同时进行了逆转。

你可以想象到，在观察到这个现象后，当时的研究人员是多么惊讶，他们又重复做了几遍实验，得到的结果完全相同。

孪生粒子 B 是如何得知粒子 A 的状态，并采取同样的行为方式的呢？

"同时逆转"意味着从粒子 A 传递信息到粒子 B 处，再发出逆转的指示——这整个过程是瞬间发生的。

这个结果是如何产生的呢？粒子间如何相互沟通？又是什么把它们联系起来？

我们仍然没有找到解释这种现象的答案，但研究人员为该现象取了一个名字，他们称其为"缠结"，即时空分离的两个个体间产生相同行为的沟通模式。

　　换句话说，实验表明，与我们关系最为紧密和最不相关的事物，很有可能其实是相互关联的，它们相互通信，不断地交换彼此的信息。

　　有一种猜想认为，"隔离"只是一种假象：实际上，看似不相关的几个部分都存在于一个"统一场"（译者注：爱因斯坦的理论）内，它们都在同一规则的统治下，以智能、有序、和谐的方式运行着。

　　这些发现十分迷人，也引人深思，因为这些结论和我们是紧密相关的。虽然有时难以理解，但毫无疑问我们也是宇宙的一部分，我们与宇宙共享着同一套运行法则，拥有同样的构成要素。以某种微妙的维度来说，我们与周围的一切也是相互牵制的。

在三千五百年前，印度最古老的著作《吠陀经》已经提出了上述的猜想。

两千五百年前，佛陀也谈到过这一点，他认为，宇宙中存在的万物都与其他一切相互依存，并且受制于因果的普遍规律。

心理学家卡尔·古斯塔夫·荣格（Carl Gustav Jung）在解释同时性、直觉性和巧合性的现象时，提出了一种"集体无意识"的假设，这一理论与爱因斯坦的统一场理论惊人地相似。

如今，科学也已经证实了上述宗教、哲学和心理学界达成的结论，我们也需要重新思考世间万物与我们的关联性了。

当然，作为人类，我们的感官有局限性，难以直接观察和理解这种联系。但是我们仍可以用它来解释许多事情，比如说，直觉、巧合、心灵感应、共鸣和同理心，它们使你与你的同类一直处在不断的联系交流之中。

　　你可能需要重新考虑自己对"孤独"的看法，这个概念的确属于个人心理的领域，但是现在，得知我们与世间万物有着不可分割的关系后，也许你会做出新的判断。

　　实际上，要真正做到"独身一人"，你就得与某些事或某些人完全分开，但这是自然界无法实现的。让你感到"孤独"的只是你的心理作用，是我们众多的心理幻想之一。

　　我偶然战胜了这种心理"骗局"。

　　我会问自己一些问题，这些问题的答案会最终使我质疑自己的孤独感是否真正存在。此时，分离、排斥或被遗弃的感受，被一种真正的归属感或安全感所替代，它们始终独立于我们的物质和环境。

实践经历（如进行冥想和精神研究）对我个人成长道路以及探寻个人的完整性，也起到了很大的帮助。

我希望通过我的这些建议和启示，你也可以与我一同思考！

被藏起来的幸福

　　有一天，众神发现他们创造出来的人类生活得太幸福了。于是他们聚在一起，讨论起了这个问题。

　　"这样下去我们该何去何从！"一位神说，"如果他们一直这样幸福地生活下去，他们就不需要我们了。"另一位神补充道："他们将不再畏惧我们，也不会向我们祈祷了。"每位神都点头赞同，一副忧心忡忡的样子。

　　在一番激烈的辩论之后，他们对接下来要采取的行动达成了共识：把幸福从人类那里夺走，把它藏在人们再也找不到的地方。

　　但是新问题接踵而至。"幸福真的很难隐藏，我们该把它放在哪儿？"

　　当众神不知所措时，其中一位神提议："我们把它藏在海底吧，人类游不到那么深，所以他们就永远找不到它了。"

　　"不，人类太聪明了。他们迟早会发明能在海底潜游的潜艇，这样就会找到它了。"

　　另一位神说："那我们把幸福藏在天空中，他们不会飞，肯定够不到那么高的地方。"

　　"那如果他们发明了可以飞行，甚至可以探寻天空和宇宙的机器呢？"

　　他们只好继续皱着眉头，想着解决问题的方法。

　　其中的一位神，他似乎是最年长的，也是最智慧的，他茅塞顿开，充满信心地说："我们就把幸福藏在人类的心里吧。这一定是他们最不可能找到的地方！"

　　众神洞察人性，他们明白这的确是合适的解决方案。他们纷纷赞许这个绝妙的主意，于是就这么做了。

　　从那天开始，人类在世界成千上万的事物中寻找失去的幸福，却从不往幸福真正的藏匿之处瞧过一眼！

抱怨是无济于事的

你有没有观察过，每天会有多少人在你耳边发出抱怨的声音？

我相信，和我一样，你每天都会听到各式各样的抱怨，有些人对世界、对生活和对其他人都相当不满，他们甚至对自己都心生抱怨。

更奇怪的是，对于该抱怨哪件事，人们还会出现选择困难的情况。为了"练习"我们的抱怨能力，现实生活可是给我们提供了无限的机会和话题。

　　但是，有两件事是我们无法忽视的：

　　①抱怨无法改变任何事物。

　　②抱怨之后，或是听完别人的抱怨之后，我们只会感觉比以前更糟糕。

　　还有一个鲜为人知但同样重要的小知识：抱怨会使人体内部产生有毒的化学反应，甚至对我们的免疫系统也有不好的影响。

　　但是，为什么我们还要继续进行这种无收益的行为呢？为什么我们会去接收他人的抱怨，而不避开这种让我们几秒钟后感觉更糟的东西呢？

　　问题的答案和我们的思维与学习方式有关，它在我们还在编写和设计人生程序的过程中就产生了。

　　在新生命诞生后，宝宝们能够让自己的需求得到满足的唯一方法，就是哭泣。没有哪个婴儿会想到通过大笑来吸引他人的注意力，来告诉大人自己饿了，需要喂养。

我们的生存本能使得我们只能通过哭泣来表达自己的需要，因为哭过之后几乎总是有人来照顾我们，让我们感觉好一点。

当我们掌握了说话的能力后，哭泣便变成了语言（抱怨），我们开始用言语表达不顺利的事、不喜欢的事、扰乱我们或使我们煎熬的事。我们总是相信，和从前一样，我们的救星会出现在我们身边。

你应该很容易想起这样的场景：父母为了制止耍脾气的孩子，只好满足孩子的要求。不过，随着生活不断向前，这样的小把戏效果会越来越差。

作为成年人，很难再像过去一样，会有照料者来解决我们的抱怨，希望改变我们的状况。

面对此类情况的改变，我们应该有什么替代方案呢？我们可以做什么呢？

第一步：了解你的思维是怎么运转的，感受你的潜意识在面对问题或困难时会做出什么反应。意识到自己在抱怨，可以让你获得重新掌控自己生活的机会。

第二步：开始一些简单行动。比如，当你意识到自己开始抱怨某事时，停止片刻，问问自己是否还想让心情变得更糟，因为这将是你通过发泄而得到短暂满足后所产生的后果。

第三步：小心地避开常抱怨的人和利用你来倾吐自己不满情绪的人。爱抱怨的人会用他们的悲观和消极情绪感染你。关于这一点，我们要明确："如果有人想丢弃他的垃圾，请别让你的心灵成为他的垃圾桶。"所以，如果你发现自己正处于此类情况，友好地打断和你谈话的人，从他的抱怨中全身而退。

第四步：在消极言语或思想占据你的大脑之前，采取行动！问问你自己，是否能改变这些使自己不悦的事物，一旦找到了答案就采取行动。

第五步：告诉自己，你是一个积极的、有创造力和建设性的人，你有能力承担责任，并把命运掌握在自己手中。

我确信，当你看完了本篇的内容，只要你愿意走出这一步，你的生活就可以从这一刻起变得更加美好。

你真的想拯救世界吗？

如果你的人生目标是拯救这个世界，那么你有两种方式可以实现它。

你可以将世界上所有的苦难都揽在自己身上，承担所有的痛苦，像耶稣一样，肩负十字架，直至山顶。你可以为世上消极和不公的事而奋斗。为此，你放弃了生活中所有的快乐或享受，即使你感受到了快乐的事，还会心存歉意。

又或者，你也可以跟随着你心灵的音符起舞，对你身边美好的事物感到惊异和赞叹；放弃面子，去遵循你本性的真实感受，在你想实现的目标里找到快乐。当上天给予了你独特的才能，你应当完全地接受这神圣的旨意，并努力地去完成你的使命。

你将会发现，当成为后者时，你才终于拯救了世界！

我们也曾每天微笑四百次

　　研究人员近年来观察到一种现象：不会说话的孩童平均每天微笑多达四百次，青少年们一天大概微笑十七次，而成年人，几乎从不微笑！

　　事实上，没有人喜欢生活在一个没有微笑的世界里。人们不禁发问，是什么原因导致我们脸上的笑容逐渐消失呢？

　　我认为，当我们开始学会担忧时，就逐渐失去了微笑的能力。我不知道你们有没有过类似的经历，但至少我从未见过任何人"焦虑地微笑"。

焦虑和微笑是不能共存的。

要留心的是，有一种"焦虑"对我们的健康是有益的，它只会在必要时刻短暂地出现。当我们遇到需要集中注意力的重要事件时，这种"焦虑"的感觉会督促我们及时行动起来，减少问题的发生。

但也存在另一种类型的焦虑。这种焦虑是一种无意识行为。受到这类焦虑的困扰，我们才会常常在脑海中预演我们担心会出现但实际上并不会发生的事件。

随着时间的推移，这种焦虑变成了一种依赖症，它就像香烟、酒精或药物，长时间压迫着我们的心灵。并且，像所有上瘾的症状一样，它需要不停地被满足。

　　如何满足这种依赖症呢？不断地找到新的值得让自己焦虑的理由。

　　当然，人类的这种行为并不是毫无理由地伤害自己。人们越来越焦虑的原因在于，随着生活的继续，除了愉快和欢乐的时光，我们也不可避免地积累了许多消极的经历。"这些事可能会再度重演吧？""我真希望避开它们！"——这些想法会令人们越来越频繁地提前对未来可能发生的事情感到焦虑。

　　然而，这种焦虑并不能使我们逃避负面事件的影响。注定要发生的事情，最后依然会发生。

　　那么，有没有什么事能使我们多点微笑、少点忧虑呢？我的答案是肯定的。而且幸运的是，它可是比戒烟或戒酒容易得多。

　　几年前，在我生日的那天，醒来时我想："今天是我的生日，我该送给自己什么礼物呢？"突发奇想，我这样对自己说："今天我想送给自己没有焦虑的一天。无论发生什么，即使知道了糟糕透顶的消息，我也会接受并欢迎它，而不再去为它烦忧。"

　　我就这么去做了。

　　令人惊讶的是，我发现生日过后的第二天、第三天，甚至更久，我送给自己的"礼物"依然留在我的生活里！

　　因此，我将这种"不在无谓的焦虑上浪费精力"的方式坚持了下去，我获得了一些进展，而且它给我的生活带来了许多明显的好处。

　　如果你们也希望重新养成微笑的习惯，一天

微笑四百次显然是不现实的，但至少从现在开始，
我们要更多地微笑。我们要消除焦虑给我们带来
的危害，并从我们下意识的焦虑情绪中解脱出来。

　　要做到这一点，我们首先必须发觉它的存在。
而且我们要理解，焦虑是完全无意义的。

　　孩子们会轻松自在地表达他们的情感。他们
不会压制情绪，也不怕被评价。他们会笑，会生
气，会绝望地大哭。当孩子们感到幸福时，他们
便因为喜悦的心情而十分兴奋。在他们的生活里，
几乎没有焦虑的容身之处。

　　当我们还是孩子的时候，所有的事也都精彩
非凡，总是充满了惊喜。生活就像一场派对或小
丑表演，或是美轮美奂的视听盛宴和各色演出，
静待我们去观赏。

　　而现在，除了毫无缘由的焦虑之外，我们不再为任何事感到惊喜。大自然每天都在我们眼前创造许多奇迹，而我们毫无察觉。我们会醒来，会呼吸，心会跳动。即使我们没有注意到或做什么有意义的事，生命的奇迹依然每天都会上演。

　　这还不够让我们的嘴角重新上扬吗？

　　总之，只要我们有了这样的意识，我们就没有损失任何东西，包括我们的笑容。

　　就从今天开始，当意识到自己在为某些事情焦虑时，就坚决地停止这种损耗心灵的行为吧！当我们明白焦虑是不必要的，并不再去纵容这种"瘾"，我们就会再次获得巨大的能量。

　　借助这种能量，我们可以处理更加严重的问题和实际困难。

　　要有意识地承担起责任，采取更为实际的

做法。

　　这都归功于我们通过重新微笑找回的能量，就像小时候我们常常做的那样！

　　请记住这个"四百次"的故事。

你想改变你的生活吗？
从十二小时改变开始吧

今天，我会努力过一天，不妄图把生活中的所有问题一次性解决。

今天，我重视我的外表：我认真搭配着装，不高声说话，举止礼貌，也不批判任何人。我不会试图改变或规范任何人，除了我自己。

今天，我很幸福。我不把希望报以天堂，我确信，这一生我也会幸福。

今天，由我去适应环境，不去期望环境来适应我的需求。

今天，我花上十分钟的时间，静静地坐着，聆听上帝的讲话。对身体而言，食物是必要的；对灵魂而言，沉默与聆听也是必要的。

今天，我会做一件好事，不告诉任何人。

今天，我会安排一个计划。也许我不能完全遵守，但我还是会去做。我审视自己的两个缺点：急躁和犹豫不决。

今天，我从内心深处感受到，不论表面看起来如何，生活对我实在是照顾有加，甚至比对他人都要好。

今天，我没有畏惧。尤其是我不畏惧享受美好，不畏惧相信"爱"。

如果你要求自己一生都这么过，或许会感到压力和胆怯。但是，坚持至少十二个小时，你会做得很好。

你已是完整的

　　在众多烦扰我们生活的事物中，有一样东西尤为恼人，可以说，它能十分"有效"地使人们体会到不幸福的感受。

　　这是生活中常常出现、较为普遍的一种情绪。对某些人来说，它算是一种真正的病症：因为它，人们努力达成的每一个目标都变得黯然无光；因为它，生活中无限值得快乐的理由都显得一文不值。

　　它，就是"不满足"。你是不是对它已经很熟悉了？

好吧，如果你足够幸运，不知道我所谈何物，那你只需环顾四周，就会发现处处都有它的影子。可能就在你亲近的人身上，比如伴侣、亲人或朋友那里，你都能找到它。

它也可以涉足更远的范围。看看整个社会的发展方向：人们总是在追求下一个要买的东西，下一个需要实现的目标，或下一个要追求的对象。

当"不满足"控制了你的心灵时，你生活的方方面面都将留下它的痕迹，比如：工作、夫妻关系、朋友、家庭，还有银行存款。

最严重的是，它会冲击你对自己的身份认同（这是最糟的情况）。比如说：你认为自己有缺陷，觉得自己太重或者太矮，脾气不好；或是你没有足够的优点、技能、金钱、成功、友谊和名望，导致你的人生不算精彩或者你的梦想没能实现。

这时候你就产生了"不满足"的情绪。

　　"不满足"是我们拥有的最"强大"和最"致命"的自我破坏工具之一。当然，这里的"不满足"，讲的不是人们对客观事物追求"更快、更高、更强"的心态。上述这种类型的"不满足"，无论对人们的经济、职业、健康状况，还是对我们的情感世界来说，都是促进我们进步和改善现有状况的一种途径。

　　我所谈论的是另一种"不满足"。这种感觉的存在会使我们无法认可自己的价值，无法肯定自己取得的成就，而这会让我们付出一些代价。

　　好消息是，在这本书里我们已经写出了相应的对策。它就在之前你快速浏览过或者错过了的某一页。

　　无论你的"不满足"投射在什么事物上，所反映的问题是非常明确的：出于某种原因，你并没有朝着实现你真正的人生目标而前进。

　　当你处于"不满足"的状态时，即使你已经拥有了珍贵的甚至令许多人羡慕的资源和才能，如果不将其与你的特质结合，它们就只不过是建立在一盘散沙之上，缺少坚固的基石。

　　根据你的特质，你其实已经拥有了你所需的和能达到的一切，只要充分地去发挥你的特质，你就能得到真正的幸福和满足。

　　打个比方，假设你是一个橙子，那么你的任务就是为人们提供可以饮用的美味橙汁。当橙汁被人们享用的那一刻，你就轻松地完成了分配给你的任务。此时，你的生活中将不会再有"不满足"

的感受。

但是，假设作为橙子的你，偏偏想要给人们
提供梨汁或蓝莓汁（你可能觉得它们会更受欢迎
或需求量更大），那么你不仅背离了自己的使命，
而且由于没有忠于自己的本性，你徒劳地将人生
花在满足世界的期望中，你会因感到"不满足"
而责备自己。

因此，当你"不满足"时，你不妨这样想：
你的人生目标和愿望，它们与你并不遥远，从出
生开始，它们就成了你的一部分。你要体会到自
身的完整性，去实现属于你的梦想和目标，而不
是盲目地追逐时代的流行产物。

这一点非常重要，因为"不满足"的来源之一，
就是我们心里总是存在自身"缺失""不完整"
的感觉。其实，我们可能并不是真正缺少某种物

质，我们当然可以选择忽视这种心理作用。

　　当你感到"不满足"时，你否认的正是你自己的本质。

　　相反，当你将精力首先花在了解你自己是谁、你永远的归属是什么的时候，你会感到满足、充实，甚至幸福。

　　懂得了这些以后，我们需要的只是时间的沉淀和自主的意识。

你即你感受

"痛恨一个人就如同自己喝下毒药，而盼着敌人死去。"

甘地的这句见解一直是哲学和道德领域的名句。而今天我们发现，即使在生理层面上，这句话也十分准确。科研成果显示了我们的情绪是如何深刻地影响着我们的生理和心理状态的。

通过神经递质的产生，每一种情绪都能对我们的心理状态产生极大的影响，甚至可以说，我们将逐渐变为我们感受的化身！

简单地说，如果遵循我们的生理机制，当我对某人或某事感到愤怒时，我就成了愤怒本身。

如果我感到怨恨，我便变成了怨恨。如果我感到憎恶，我就变成了憎恶本身！

而且，"我的感受"不仅影响人们自身的生理状态，也会影响到自己所处的环境。

来看一场老友间的聚会：气氛欢乐轻松，朋友们正无所顾忌地说着玩笑话，发出阵阵大笑声。突然，门铃响了，来了一个迟到的人。他带着愤怒的心情进入房间，因为有人刚刚用拖车把他的车拖走了。此时，氛围突然变了。

尽管那个人没有直接表达出自己的感受，甚至可能只是待在某个角落里回想发生在他身上的事情，但这还是会影响其他人的情绪。因为在那一刻，他成了他的愤怒的化身。

如果这种情绪没有得到转变，聚会几乎就再也不可能回到之前的愉快轻松的气氛。

了解这一点是十分重要的。如果我们能够理解我们的身体是如何"工作"的，我们就能成功地"改变"我们的情绪、思想和身体之间的关系。

我们的主动性越强，就越能以一种积极和负责的态度，来应对所发生的事情，而不是成为被动的接受者，为我们的情感所奴役。通过一些训练，我们会越来越理解情绪带给我们的影响，从而掌控局面，并自觉地改变我们的状态。

培养这样的自主意识会带来许多好处。例如，我们可以用愉悦和积极的心态去面对消极事物所带来的影响。

想象一下，一位刚刚分娩、第一次把等候多

时的宝贝搂在怀里的母亲！尽管她当下直接体会到的是痛苦和折磨，但她仍然成了爱、惊喜和感恩的化身。

由于我们身体精确的化学反应，如果我们的生理状态受到积极和有益情绪的影响，从心理上来说，我们便"变成"了那些情绪。

如果我对自己和他人报以信任，我便是"信任"。如果我从某事或某人处感受到爱，我就是"爱"。

我们的情绪和感受的作用还不仅仅如此。

以微观角度来说，我们的情绪具有精确的振动频率。同处在一个磁场里，你的心理和生理状态以及振动频率，将在很大程度上影响到你所处的环境以及接触到的人，反之，你也将受到环境和周围人的影响。

当与一个热情、有魅力和态度积极的人打交道时，我们能感受到他对我们的感染力。当面对的是大师或伟人时，更是如此。这些人用他们的情感和精神去感染周围的事物，更重要的是，他们也对周围的环境产生了影响力。

其实，我们每个人都可以做到这点，认识到我们的负面情绪，不去助长它们的士气。我们还可以挑战"进阶版"：努力培养自己积极的情绪、思想和信念。

这样做将有利于我们的身心状况，改善我们的健康。

通过"成为我们情绪的化身"，我们还将影响周围的环境和接触到的人，散发正能量的磁场！

语言的力量

你可能没有注意到这一点：语言具有非凡的力量。

在特定时机下说出的一句话，有可能导致兄弟、恋人、朋友间关系结束，甚至延续多年的矛盾。

语言是神秘的，我们对它的力量也许还不够了解。正因为如此，我们经常肆无忌惮地随意使用它。而且大多数时候，我们都想象不到它会产生多么严重的后果。

　　我们说："它不过是一些词语罢了。"但有一些词，我们甚至都不用说出来，只要想到它们，它们就会以一种爆发式的力量侵袭我们，影响我们的情绪和思想长达数小时、数日。

　　一个温暖的词可以让你融化、感动，甚至充满感激，控制不住眼泪。

　　一个恶意的词可能会比刀片或子弹伤人更深，留下一道无法愈合的伤口。

　　有的话语会让你生病，甚至面临死亡；而有的话语可以治愈你，重新赋予你生命。

　　无论其含义如何，语言都是强大而有效的存在。它的振动也具有频率和力量，能使人产生共鸣。

　　有些词对特定的时期来说十分重要，但之后就很少再用。伟大的词语可以表达伟大的事物。当我们发现自己不是无所不知，或无法控制局面时，我们会用"仁慈"或"天意"这样的词，试图寻找尘世之外的慰藉。

今天，我们有了一些新的词语：互联网、无线、网络、智能手机、全球化等等。这些词语将长期出现在我们的生活里。但是，只有母亲在你哭泣时安慰你的那些话语，或者在你不愿入眠的黑夜里哄睡的童谣，才会久久令你回想。

语言是多么重要啊。我们说出来的话，可能是我们所想，也可能是我们常常听到的。

"谢谢"，多么美好的词语；"爱"，最强大的词语之一；"是的""很对"，它们可以开启你的心灵，扩展你的灵魂；而"不对""不好"这样的词，它们很可能会锁上你的心，囚禁你的灵魂。

名人名言常常意义深远，而且它们的意义与

时代无关。

例如，佛家言："慈悲。"耶稣说："宽恕。"甘地说："和平。"特蕾莎修女曾说："服务。"纳尔逊·曼德拉说："平等。"以及马丁·路德·金说："梦想。"教皇约翰二十三世说："善。"

这些词仍然存在，供我们去思考和运用，它们具有永恒的意义。

语言是神奇的，要慎重地选择它。你选择用来描述生活的词，将会成为你的生活；你选择用来定义你的词，可能会变成困住你的枷锁。

当你改变了你的话语，你的生活也将随之改变。

要有意识地选择你的用词。吸收那些对你有帮助的语言，感受它们的爱抚、安慰和鼓励。

不使用也不去听那些让你感觉糟糕的词语。如果听到或读到让你心生不悦的话语，就避开它们。不去延续那些言论，别成为"同谋"。对它们敬而远之，让谈话转向积极的方向。

为了治愈我们的灵魂和身体，注意我们的语言和思想是必要的。

总是说消极话语的人，生活一定很糟糕。

我想创造一种语言的"生态学"。有必要的话，我们甚至可以重用古词、发明新词。

开始在正确的时间，使用正确的词语吧，这能改变你的生活，甚至能拯救世界。

我们是梦想制成的生物

　　许多人自诩为现实主义、实际和理性的人。如果你与他们谈论物质以外的世界，他们就会大笑起来。

　　而事实是，我们生活中的很多事物都是非物质的，它们存在于我们的脑海中。

　　比如说，时间，它只存在于我们的思想和内心世界里，人们没法在现实世界里找到时间的实体投射。

　　有时我会介绍一些对抗疗法以外的补充疗法。

这些治疗方法（例如顺势疗法或植物疗法）并不罕见，它们的原理基于使用药物的有效成分的能量值和振动频率。

但当我描述其效果和作用时，我立刻在"现实主义者们"的脸上看见一种充满了怀疑的假笑。但我也理解他们，他们只相信他们所看到的：从实验数据和重复实验中得出的结果。

然而，如果我让他们谈谈"思想"，它是什么颜色？有多重？是什么气味？在太空中移动的速度是多少？它从哪儿出现以及什么时候消失？他们就哑口无言了。

可是如果我们不谈"思想"，还有什么科学可言呢？

庆幸的是，他们中的许多人还是清楚地知道，即使是最基本的治疗过程，如普通流感，患者的情绪、治疗的意愿，以及病人对医生或药物的信任度，也是能发挥很大作用的。

　　想一想，你的情绪和感受是如何引导甚至控制你的选择的？想一想，母亲对你的爱创造出了什么？对一个人来说，对工作项目或会议充满积极性和热情，有什么作用？

　　感受一下你的内心由于信念而产生的强大推动力。

　　此时，你应该能感受到，你的行为、你所看见的客观存在的物质，也都受到了意识和观念世界的强烈影响。

　　我们周围的世界，街道、房屋、汽车、互联网、社交网站、飞机甚至卫星……在成为现实之前，一切都只停留在某人的脑海中。

　　让我们好好运用这些新知识吧。你想要的生

活和未来，只有在你的自信和乐观这些精神支持下才能实现。

同样地，总是围绕着你的消极想法、焦虑和恐惧，将限制你的潜力，抹杀你想要的生活。

让我们一起培养积极的信念、思想和情绪。尽管它们是无形的，但它们能够为你创造一个更加美好、充实和幸福的生活。

不仅如此，它们还能使你内心的负面感受产生动摇。

给自己注入更多的信心，为你的情感，尤其是你的梦想，留出更多的空间。

就是这样。只要去做，你就有机会实现它！

象征我们人生起点的房子

　　近百年来的精神分析和心理治疗的历程，清晰地向我们展现了一个道理：我们人生的起点总是不完美的。

　　我们的人生，启程于出生后住的那座房子。这座老房子有值得称赞之处，但毛病更多。

　　这座有象征意义的房子环境还算舒适，但几乎哪里都有破损的地方，有时破损严重到我们无法居住。

　　通常在开始的阶段，我们不会注意到房子透

风，不会注意到有损坏的墙壁或漏水的屋顶。我
们充满活力，天真纯洁。一切看起来都很自然。
我们意识不到当我们居住的房屋遭到破坏后，将
会引发的后果。

　　我们不会和别人进行比较，也无法与生命的
强大抗衡——随着我们的成长，它还会不断地展
现出自己的力量。生活，就是一场游戏。而未来，
就像一片无尽的海洋，在那里，一切皆有可能。

　　然后，我们离开了这座房子，开始明白人与
人之间并不完全相同。与他人进行比较，让我们
有了第一次了解自己的机会。

　　青春期是最艰难的时刻。在这个敏感又脆弱
的自我认知阶段，我们越发感受到缺乏遮蔽和保
护的痛苦。

　　我们的同伴，成了我们认识自己的扭曲的镜

子。我们根据这面镜子来定义自己的价值，这面
镜子也决定了我们的行为方式。

　　我们感觉自己就像那座房子一样：脆弱、有
缺陷、不完整；我们不愿承认它，甚至我们会为
自己虚构一个量身定做、功能性更强的房子。

　　终于，我们成了成年人，又该如何处理老房
子？无论如何，到了该做决定的时候。

　　遗忘是无济于事的。把那座满是缺陷和饱经
沧桑的老房子和我们自己断绝开来；也并非佳策。

　　我们可以选择生活在怨恨中，妄想它会对我
们的伤害和侮辱进行补偿（尽管它从来没故意伤
害过我们）。或者，我们会报复性地补偿自己未
得到满足的需求，不断追求更多的力量和权力。

　　我们开始建造新房子，给它加固，我们希望

不受疼痛、情感和回忆的影响，使它坚不可摧。

　　然而，这些做法收效甚微，要付出的代价却很高。这样的选择只会让我们的快乐转瞬即逝。

　　甚至，它几乎会让我们和周围人的生活都陷入悲伤和痛苦之中。尽管我们的报复成功了，但我们还会感到内心的不满日渐增加。在人生旅程中，尤其是当我们老去时，等待着我们的将是不快乐和孤独。

　　如果你愿意换一种方式，也许你会找到一个更加有效的解决方案：我们可以回到过去，去了解我们出发的起点——那座老房子，而不是直接选择去遗忘或躲闪。

　　回到过去常常会勾起伤心的记忆，但你会发现，记忆中原本很大的东西，由于我们已经长大，现在看着要小得多了。那些看起来很糟糕的事，原来我们已经可以毫不费力地解决掉了。

　　现在，我们已经了解自己的力量和我们所拥有的东西。我们会发现一个无可辩驳的事实：我们曾经战胜了那么多困难。我们甚至发现，我们许多美好的品质、才能，都是由于老房子的种种缺陷而培养出来的。

　　我们尝试着更深入地理解它。去理解为什么它如此破败，去接受现实：尽管它存在种种问题，但它一直在保护我们，我们并不陌生，它会在我们需要时，随时欢迎我们。

　　我们试着对老房子好一点，开始耐心地修复破损的地方，即使它们曾经让我们受过伤害。在努力修复的过程中，我们激发了自己的创造力。当我们发现我们的内心深处也具备这样无限的修复能力，就没有什么能让我们害怕的了。

　　我们同时开始建造一座新的房子，它看起来有点像曾经的那个容身之处，我们在那里成长起来。但新房子不再有那么多的毛病和缺陷。它不那么完美，但却是我们一直的期待和向往。

　　我们真的很喜欢这个新家。我们希望把它装饰成明亮、宽敞和舒适的风格。它非常适合接待客人，展示出它最好的一面，让任何需要它的人都可以感到舒适自在。

　　因为那所房子的存在，我们，才是真正的我们。

发现消极事件的意义

尝试掌控我们的未来，实际上只是缓解我们恐惧的一种方式。事实上，这样无法改变总是会发生的消极的生活事件。

既然如此，我们为什么不能好好想想，消极事件在我们的生活中究竟有什么意义或价值呢？

按照人体的本能反应，我们常常会这么做：当感觉到命运对我们残酷不公时，我们便以"受害者"身份自居，只会用愤怒和咒骂来逃避现实。但这种处理方式除了让情况变得更糟糕之外，对于解决问题毫无帮助。

　　相反，我选择这样去思考：生活中的这些消极事件的出现并非偶然，而是由于某些特定的原因，它们才发生在我身上。而且我认为，这些坏事并不只是为了令我受折磨，甚至它们只是在特殊情境下才会出现。

　　虽然它们发生时会十分可怕，但这些事最终改善了我的生活，比如改变了我的态度、思想和信念。

　　它们改变了我僵化的生活轨迹，激发了我重要的变化和决定，事实上这使我向好的方向前进，甚至对我周围的人的生活也产生了有益的影响。

　　我常这样思考：尽管那些事伤害了我，但它们的出发点是好的，我们不能一味认为它们就是

命运开的玩笑。在千万众生中，被命运之神选中
简直太难了。我认为，这些消极的事是来为我们
传达某个重要信息的，而这需要我们深刻的认识
和敏锐的观察。

"它们的出发点是为了我们的利益"，如果
你选择这样去思考，会对你产生更大的帮助。

当这类消极事件还不至于到严重的程度时，
以这样的态度去看待它们并非难事；但当真正遭
遇重大创伤（例如重病或身边的人逝去），转变
我们的观念就会非常困难。对于这点我非常理解，
因为大病或失去所爱的人已经很难让人们腾出大
脑进行思考。

尽管这是可以理解的，但我们必须承认：失
去健康甚至是失去我们所爱的人，是我们无法阻
止的。同样，我们必须知道，一部分人很难这样

去思考，是因为他们还没有发现这些经历对他们的意义和价值。而有一些人，得益于那些消极事件，他们的思想境界随着时间的推移，发生了深刻的改变，从而整个人焕然一新。他们甚至还找到了最好的自己和生活中最宝贵的东西。

　　如果你也能发现消极事件对我们的意义，你会发现自己变成了更好的人，因为你已经知道如何度过痛苦和黑暗，你理解了它们的意义，并且接受了它们也是自己人生经历中的一部分。

幸福的三个基本要素

　　有一次在原始村落旅行时，我坐着吉普车，穿过一条阳光明媚、植物茂盛但人烟稀少的漫长道路。突然间，我看到路旁有一些由茅草、泥土和钢板筑成的房子。之后，出现了一帮光着膀子、脏兮兮的孩子，各个年龄段都有，他们被我们的车子吸引了：他们大笑着跑来迎接我们，向我们问候，脸上洋溢着幸福和快乐。

　　偶尔，我们的车子会路过年轻学生们，他们穿着整齐的校服，从学校走几英里的路回家。这些孩子都带着热情的笑容，彼此嬉笑打闹，散发出幸福的气息。

　　当遇到这些孩子时，我充满了讶异和疑问。在如此贫穷、落后和令人沮丧的地方，他们那种抑制不住的幸福、热情和愉悦是怎么来的呢？

　　我的思绪飞到了自己舒适的房子里。我们从来没有想过这些问题：为什么我们按下电灯开关就会有灯光，打开水龙头就会流出干净的水？为什么我们的冰箱里和桌子上总有食物？为什么我们可以拥有温暖的冬天和凉爽的夏天？

　　我们也不会发出这样的疑问：为什么我们能够拥有衣服、汽车、电话、电视、电脑、洗衣机、冰箱和洗碗机？

　　当时，我问自己，为什么生活中很难再找到令我们惊喜的事了？我脑海中浮现出罗马、纽约、巴黎或伦敦这些城市街头上人们的脸（也包括孩子们的）。那是一张张带着消沉、紧张、焦虑、愤怒、悲伤、沮丧或迷茫的面孔。

为什么会产生这样的矛盾？

当我们一无所有时，很容易感到幸福；但当我们拥有很多，所拥有的甚至比我们真正需要的多得多的时候，我们却感到不满、沮丧、不快乐，无法感受到生活的美妙。

后来，我常常想到原始村落的这些孩子，特别是这趟旅程结束之后。最后我意识到，尽管他们的生活非常艰难，甚至有时称得上"悲惨"，但在他们生活的社会中，仍然保留着幸福的三个基本要素；这些幸福要素在如今最发达和先进的国家中正逐渐减少，有的甚至消失了。

幸福的这三个基本要素便是：有归属感、乐

于分享和自我奉献。

当实现这三个要素后，由于人类的基本需求（甚至也包括生存需求）得到了满足，我们就会获得幸福。

有归属感：这些孩子能感受到自己完完全全地是社区、村庄、部落和民族的一部分。他们每个人都遵守相同的仪式、传统、信仰和精神。他们对这些文化深信不疑，并以此来发展和构建自己的身份定位。我们依然是这样吗？

乐于分享：所有人都拥有同样的生存条件（包括孩子们），他们几乎共同分享所有的所属物：食物、水、火和收成。他们甚至连父母也是共同分享的。在许多原始村庄中，同部落的孩子们会将所有的成年女性成员都称作"妈妈"，不论他

们有没有血缘关系。一切都要拿来分享：哪怕私
人的情绪、感觉、希望和恐惧，也与所有人有关。
没有人会通过剥夺他人来占据某样东西。

　　我们也是这样做的吗？

　　最后一点，他们会为自己的团体奉献：轮流
地做需要做的事，帮助他们的家人和村庄，这些
对他们来说是理所应当的，他们甚至会去几公里
以外的地方取水和砍柴，帮助老年人或病人，哪
怕只是陪陪他们。在他人需要时，提供他们力所
能及的帮助，不会犹豫是否会损害到自己的利益。

　　而我们呢？我们是这样思考的吗？我们在用
同样的方式生活吗？不，我们已经很长时间没有
这样做了。

　　我研究人类已有三十多年了，但是我仍然十

分惊讶于幸福的"秘诀"竟是如此简单。其实我认为，这三个要素对整个人类追求幸福来说都是必要的。

人类的诞生与发展同这几个要素是分不开的，而这些要素也恰恰与我们物种的生存和保护系统相吻合。当我们不再遵守这些要素，哪怕其中之一，我们其实就是在对抗人类的天性了。

于是，我们"生病"了。

首先，我们产生了不幸福的问题。接着便是一系列的身体和心理疾病，我们尝试通过药物、酒精、精神控制、欲望和占有来治愈这些疾病。为了治愈这些疾病，我们不惜一切代价，只要我们不再感到害怕和孤独！

然而，如果我们真的想治愈自己，想让自己变得幸福，那么，从此时此刻起，我们需要用这三个幸福要素作为标准，重新看待我们的生活，即：有归属感、乐于分享及自我奉献。

　　请大家坦率地自我分析，你的生活中还缺失哪点？现在开始重新认识这些被我们遗忘的幸福要素，为时不晚。

　　现在明白这一点还来得及：如果我们愿意，我们就能挽回之前的过错，找回那三个简单的幸福要素，它们可以无限改善我们的生活。

内心的平静

　　从前，有一个水手在海上遇上了一场暴风雨。他试图控制住自己的船，经过数小时的奋斗后，他意识到自己已经迷失了航向，只得屈服于沉船的命运。人生的最后关头，他决定，要找到自己内心的宁静。他想起一位年迈的大师的教诲，在多次航海后他早已把这些教诲丢到九霄云外。他闭上了眼睛，不再理会船部件发出的撞击响声，开始平静地呼吸与冥想。

　　他回顾自己的生活，想起了自己得到的爱、与朋友度过的无忧无虑的时光、大自然的夜曲，以及他对他人的关心。就这样，他甚至露出了微笑，忘记了狂风巨浪还在猛烈地撞击着他的船。

当他的思绪被这种宁静与充实的感觉填满时，水手感到自己已经准备好面对死亡，并且发现自己从未如此从容与满足。

在那一刻，似乎是要回应他内心的平静，暴风雨也突然沉静了下来……

这个寓言是为了告诉大家：我们眼中的世界和那些看似恐惧的事物，其实与我们的心理状态是相互联系的。

当我们感到不安，我们周围的事物似乎也显得躁动起来。当我们不再信任他人，总是秉持悲观主义的态度时，周围发生的一切也好像都在否认和指责我们。不是吗？

在不知不觉中，我们将自己内心的冲突和情绪都投射在世界的银幕上。最后，我们只会以为世界就是如此动荡和充满侵略性，我们感到自己处在威胁之下，不得不保护自己。

当我们以一种平静的心态去看待现实时，一切都将变得不同，即使是遇到巨大的逆境和艰难的时刻，我们也感到自己有能力去面对。

有人甚至认为，如果人们都能寻求自己内心的平静，战争将无法延续下去，世界和平也将成为可能。

一位哲人在受到长期囚禁和酷刑后，当被问到在狱期间他最难熬的时刻是什么时，他回答道：

"哦，有的！当我失去了内心的平静的那一刻。"

我们为什么会生病？如何自愈？

　　每天我们摄入的食物、液体，呼吸的空气以及我们的身体接触到的所有物质，为我们提供了身体所需的营养物质，但有时它们也是毒素的来源。这些物质对我们身体的正常运作以及健康状况起着关键性作用。

　　在理想条件下，我们人体能够吸收营养物质，并将毒素排出。在数十亿活性微生物中，我们的免疫系统能够区分出哪些可以与人类共生、哪些具有潜在的危险性。

　　在人体持续的化学作用下，我们的健康状态

与这种鉴别有益和有害物质的能力是息息相关的。

　　但即使我们理解了上述内容，在探索自己的身体时，仍然会有部分"营养物"与"毒素"难以被察觉。尽管它们在我们人际交往与生活实际中无处不在，尽管它们都拥有基本一致的原理，我们也可能疏于应对。

　　我们的社会生活是快乐或忧虑情绪的首要来源，它也影响着我们的心灵世界和内心生活。

　　有时由于生活中的种种事务，或出于信仰、欲望或回忆的原因，我们脑海中会浮现许多想法，这些想法有时如同健康均衡的饮食，为我们带来裨益；有时又如同过期的酸奶，对我们产生毒害。

　　事实证明，任何消极的心理状态、内心斗争或给精神施加压力的状况，都能够激活特定的荷尔蒙反应，并推动皮质醇、肾上腺素和其他难以

消除的潜在毒性激素的分泌。它们由我们的情绪
或者想法等非物质因素引起，迅速刺激内分泌系
统，甚至能改变血液的化学成分。

　　这就是心理因素（如抑郁状态）如何危及我
们的免疫系统、如何使我们的身体无法应对我们
每天接触到的数十亿细菌和病毒的过程，它甚至
能导致未分化细胞的增殖。

　　因此，对这种非物质性的营养物和毒素进行
探讨，究竟有何意义呢？

　　这意味着我们能够开始以全新的方式来疗愈
自己：我们不仅能够治疗已显现出的病症与失调
状况，还可以采用一种极为有效而巧妙的预防
手段。

　　除了健康均衡的饮食，辅以正确的补水、适
度不间断的运动，并尊重昼夜规律、调整作息以外，

我们还应当更加关注生活中的非物质方面，如情绪、思想、冲突、信念，它们通过激发人体内部的生化反应，对我们身体的均衡和健康状况产生难以忽视的巨大影响。

如果你执行以上的健康理念，可以极大地改善你的生活质量以及同他人的人际关系。那么具体应该怎样实行呢？

尽可能避开对你来说属于负能量的环境和人；不要沉浸于糟糕的新闻报道与媒体；关注自己的特性，而不是一味满足世界的期望；从矛盾冲突和消极思想中逃离；言辞谨慎；将时间更多地花在朋友和重要的人身上；提升思想境界；重拾对自己和未来的信心；摆脱对过去特别是灰暗经历的怨恨；更多地投入到积极情绪中，如爱、同情、宽恕、感恩；从你崇敬的人及良好的行为模式中得到启发和引导；适当娱乐，为休闲活动留出空间，不要带有目的性；体察别人的需要并提供力所能及的帮助；祷告或冥想，为你的灵魂留出一片净土。

在坚持的过程中，你的各方面将得到提升。此外，你还能够防止你不甚了解的体内非物质毒素以疾病的形式出现，这些毒素你每天都会接触到。

如果你已经表现出了疾病的症状，这些行为也能够帮助你更快地痊愈，补给能量，在生理上和心理上都起到排毒的作用。培养积极有益的情绪和人际关系，这将有助于加快你痊愈的过程。

善总会战胜恶

假设人们把眼光只放在世界各地发生的恐怖和悲剧事件上，就很容易陷入绝望，甚至会认为人类的历史已经快要接近尾声。

这种心态十分正常。当人们总是接触令人惋惜的悲剧事件时，就有了这种负面情绪的副产品。一般的媒体总是把关注的焦点放在暴力事件上，出于利益的目的，还经常向我们输入"片面"信息，致使我们误解，我们生活的世界是一个这么糟糕的地方。

尽管有令人恐惧不安的事发生，但我们绝不能对人的善意失去信心。我们也绝不能仅仅信赖我们最初的反应——我们的本能，它们会扭曲我们对事实的认知，尤其是在权衡这个世界上恶与善的力量的时候。

通过人口统计数据，我们发现媒体或经济学家口中的世界和我们的现实生活是多么不同：当今世界，有数十亿人过着和平的生活，而战争中的国家其实只是少数一部分。

因恐怖主义而逝去的每一条生命当然都值得引起我们的愤慨，但我们要明白，和遇到恐怖分子或炸弹爆炸相比，因为家庭意外事故而导致重伤甚至失去生命的概率要大得多。

恢复冲突地区的和平，重新建立社会、经济、政治和宗教的平衡，是国际组织机构的责任和义务，引领着我们在文明和进步的道路上前进。在个体层面上，我们也可以尽自己的一份力量，增加这个世界的善与美，虽然恶与恐怖势力仍然存在，但前者依然是主流。

我们必须看到，人类在近千年里已经取得的成果是那样具有积极性和创造力，并且人类将继续奋斗，为所有人更好的生活寻找解决方案。

我们面对困难时的态度，决定了我们是否能克服它。如今我们知道，我们微妙的情绪（希望或绝望，信任或怀疑，热情或冷漠）和波动都会影响到我们整个身体系统。

我们有必要去提高我们的主动意识和知识水平，以一种理性和发展的方式去处理生活中的事件，而不是以恶制恶，以暴制暴，以恐慌应对恐慌。

简而言之，我们需要提高个人的能量等级，

拥有积极的思想和情感，比如：爱、希望、信任、
慷慨、远见和感恩。

历史告诉我们，从人类诞生以来，"善"与"恶"
就始终是对立但又密不可分的两种力量，它们两
极间的矛盾是不断变化的，也正是这种矛盾使得
我们的宇宙能够存在与进化。

但是，在"善""恶"的不断变化中，代表
着正极的"善"总是占据微妙的优势。在量子物
理学中，最近提出了亚原子粒子中存在一种更小
元素的猜想。

这或许能够帮助我们解释，为什么世界的发
展趋势一直是进化、发展和扩张，而不是停滞或
破裂。

也许有一天，我们会达到更高的思想水平，

超越我们的进化阶段，脱离原本世界运行的机制。但至少现在看来，我们仍然需要在"善"与"恶"两极中周旋。我们要学会利用消极事件来激发积极的效应，激励我们，帮助我们行动和做出决策。

时刻记住，"善"与"美"始终会是胜利的一方。

控制欲

　　当我们认为自己能够控制局面的时候，会感受到前所未有的力量，对吗？在这个世界上，我们最需要操心的是自己的事情，不是吗？

　　然而，有些人并不满足于仅仅控制自己的生活、人际关系和工作，他们妄想控制一切。

　　这种具有强迫性质的控制欲，是我们幸福的强大障碍之一。为了满足这种控制欲，这类患者常常对自己和他人提出各种不可能实现的要求；他们常常把自己孤立起来，而不是寻求他人的帮

助和协作；由于他们做事缺乏灵活性，也很难受
到大家的欢迎。

　　生活在"高度控制"中的人，一般来说都是
严重的完美主义者，他们难以忍受自己的缺点，
最终不仅伤害了自己，也破坏了周围每个人的
生活。

　　与其他症状一样，如果我们要改变这种性格
障碍，第一步就是深入地了解它。

　　极强的控制欲其实是人们的一种防御策略，
它让我们感觉自己并没有完全丧失主动权，尤其
是在处理那些我们恐惧的事情时。比如说，我们
会害怕失去健康，害怕失败，害怕失去我们所爱
的人的尊重和感情，或是害怕不好的事情发生在
他们身上。

　　一旦停止控制，对这种患者来说，就意味着

自己完全是手无寸铁地暴露在自己的恐惧面前。

我们的"恐惧"其实是"经验的习得"，明白这个道理可能会对我们有所帮助。我们不是生来就畏惧某些事物，因为并没有什么事物是人类先天恐惧的。然而，在我们生活中的某个时刻，有些不好的事发生在我们或旁人身上，那时我们感受到的消极情绪就被存储在了我们的记忆芯片里。

由于这些早期的经历，我们的"经验"变成了自动反射的恐惧，时常在不受我们控制的情况下发生，并成为我们性格的一部分。

不幸的是，我们无法控制我们的恐惧（它是非物质的）。但我们越早意识到并接受它，症状就会得到越好的缓解。这不仅仅是出于为我们的情绪考虑，也是为了我们自己的身体健康，因为极强的控制欲是压力的主要来源之一，它会毒害我们的身体和生活。

我们要试着去理解，在这个世界上，存在着一些不由我们意志决定的力量。它们十分强大，充满活力且独立，不会因我们的决定而发生改变——但这也并不代表它们一定是消极的，或是想与我们为敌。

需要更具体的例子吗？

请你尝试一下屏住呼吸。现在开始吧！你也许可以坚持几秒钟，如果经过训练，甚至可以坚持几分钟，但是到了某个瞬间，就会有一股让你无法抗拒的力量向你发出指令："快呼吸！"你只能乖乖听从。

与你的控制无关，这股力量让你的心脏跳动，血液在血管中循环。

　　尽管你可以暂时控制住睡意，但也许几个小时后，你就屈服了。想一想，是什么使你熟睡时身体正常运作，早晨可以正常醒来呢？

　　如果你察觉到你生命中存在一小部分并不在你的控制之下，但控制这些的奇妙力量对你有益，那么你已经找到了一个值得信赖的新盟友。

　　当你感到疲倦时，先放下自己"掌控者"的身份。想象自己只是暂时寄生于这尊鲜活的身体中，它比你强大得多，你属于它，它与你一同呼吸。

　　我们身体中的这股力量不会关心你是否愿意归属、顺从和屈服于它，不会关心你是否想要呼吸，想活着还是死去。它只是做好自己的事情，这力量使你明白：我们对"自我"的控制是多么无足轻重。

如果你已经认可了这股力量，那么你和它就可以并肩作战了。你可以安心地放下自我，让它为你分担一些生活的重压，因为你的控制范围已经可以缩小许多。

如果你认为这样可行，那么现在我们进行最后一步，也是最重要的一步。

想象你和那股力量融为一体。你们之间没有差别，紧密相连。你与你的生活，是同一回事。你的思考和你的需要都只是生活这场游戏的一小部分，它们无关紧要到整个宇宙都不会察觉。

继续你的生活，继续承担起对自己和周围人的责任，继续安排和设计你的生活，如果可以的话，也让他人的生活变得更好。但是，不要将自己的全部精力都浪费在幻想自己是唯一的造物主上。

　　最重要的是，不要再独自面对事情，不要再恐惧地认为：只要我们放弃，哪怕是一瞬间，周围的世界就会崩塌，压倒我们。

　　找回那种安心睡在母亲怀抱中的感觉，但是这次我们需要你主动清醒地去感受，重新获得在这个世界上不孤单的信心。

　　这股神秘力量会一步步地为你创造奇迹。只有放下你的控制欲，你才能最终看到这些奇迹，并充满感激地与它成为生活上的伙伴。

　　让生活做好自己的工作，也为你效力。

　　一起来参加这场生活的舞会吧！

　　你既是舞者也是那动人的音乐。

真正地活着

你是否问过自己，"生命的诞生"到底意味着什么？

我们先要区分两个概念。我们的第一次"诞生"，是生物学上的概念，在九个月的妊娠期后，你来到了这个世界。仔细想想，我们就会发现这简直就是奇迹，因为就概率而言，在数十亿个精子中，只有一个精子可以使卵子受精。而且，即使形成受精卵后，由于大大小小的意外而流产的可能性仍然很高。

因此，你能够在这儿读着这页书，于你而言，这本身就是一个奇迹。

你第二次"诞生"是很久之后的事了：在第二次"孕育期"结束后（有时会延续一生），这时的你可以完全认识到自己的潜力，而且你已经可以向他人展现"自我"。

第二次生命意味着让人听到你的声音，克服生活给你设置的种种障碍和局限。

你的第二次生命不再是生物学上的自然过程，而需要你自己积极主动地参与。最重要的就是，你要决定去克服"做你自己"的恐惧，消除实现人生目标的一切障碍，不管付出多少代价。

但糟糕的是，你和我都知道，世界上有许多人都不愿意改变自己的生活，他们甚至不愿尝试痛快活着的滋味，宁愿用他们真正的"自我"和天赋来博取别人一点点的关注。

手里正拿着这本书的你，我相信你和那些放弃生活的人并不一样，因为在你的心里有对知识的需求，你渴望成长和突破自我极限。

也许你已经知道，要做到这些，需要克服许多外部障碍。但是人们很难意识到，更重要的是克服自己内心的障碍，它是我们实现目标的最大拦路虎。

你内心积累的恐惧、偏见和消极信念也会成为你的障碍。那些消极的想法通常是无意识的，它们会通过你的身体或心理症状，比如说消沉甚至是长时间的抑郁表现出来。你要问自己的是该如何找到真正的问题，它藏在哪里。从那一刻起，通往你真正的生命之路才显现出来，而且将一路畅行。

通往幸福的道路有很多条，我相信，当你知道人可以拥有第二次生命，真正地重生，你不会甘心只是苟延残喘地活着。

长柄汤匙

　　有一天，一个虔诚的信徒去找上帝，问他："上帝，我想知道天堂和地狱都是什么样子的。"于是上帝把他带到两扇门前，打开了其中的一扇，让他看里面的场景。

　　里面摆着一张很大的圆桌。在桌子的中央放着一个巨大的容器，里面盛有香气扑鼻的食物。

　　那香气使信徒也垂涎欲滴。

　　围坐在桌子旁的人看起来都十分饥饿，他们身形瘦弱，面色发青，都一副病恹恹的样子。每个人身边都有一个柄极长的汤匙。每个人都可以用汤匙够到食物，但是由于汤匙的手柄比人的手臂还长，他们无法将食物放回嘴里。

看到他们所受的痛苦和折磨，信徒也颤抖了。

上帝说："你已经看过地狱了。"然后上帝和信徒移到了第二扇门处，上帝打开了它。

这次信徒看到了和之前一样的场景：很大的圆桌，让人垂涎欲滴的佳肴，还有围坐在桌子旁边的人，他们也用着长柄勺子。

但这一次，这些人却都酒足饭饱，还微笑着互相交谈。

信徒对上帝说："我不明白为什么会这样！"

"很简单，"上帝回答说，"他们明白勺子的柄过长，无法让自己吃到食物，但却可以喂给邻座的人。这样他们就学会了互相分享！而另一张桌子旁的那些人，他们只会想到自己……”

地狱和天堂其实是一样的地方，不同的是我们自己。

如果我可以，我会每天在报纸的头版上刊登这个故事。

我也想把这个故事说给世界上的某些“伟人”来听，那些总是争辩着如何摆脱史上最严重的经济和能源危机的人（或者他们也只是在虚张声势？）。

地球上的资源可以满足我们每个人的需求，但永远不能满足少数人的贪婪。

不喜欢？去改变吧！

你有没有想过，和人类不同，岩石、植物或动物都无法改变它们生活的世界。

"改变这个世界"的能力是我们人类专属的荣耀与特权，就像神灵一样，我们也是这个世界的创造者。

然而，大多数人似乎都不了解我们拥有如此强大的力量，也不知道怎么去运用它。

我们宝贵的精力常常花在适应现实生活上，我们总是被动承受，几乎从未主动地享受世界。

如果某件事不顺利，我们就把过错归咎到其他不相干的事物上。同理，当我们有责任去改变一些不好的事物时，我们只会推卸责任，不停地抱怨，等待事情自己发生转变。

其实，我们只要做一件小事，就会前进一大步：看看这个世界好和不好的地方，在观察之余，再想象一下，我们的世界应该是什么样？在哪些方面它需要改善？试着做这样简单的练习。

世界上还有很多事情需要改进，如果每个人都尽自己的一份力量，我们的世界就不会是由极少数的那一部分人来决定所有人的生活。

我们知道，当只有少数人做决策时，他们就像拿到了可以自由发挥的白纸委托书，他们的决策通常不是为了人们的共同利益，而只是服务于特定的经济或政治团体的利益。

　　这也是人性的一部分，因此，"从我做起"是很有必要的，你要认识到，我们始终具有影响并改变这个世界的能力。

　　当你从旁观者转换为参与者，你就有了新的视角，你可以逐渐地、一点一滴地改变你对自己、对生活、对家庭、对你所住的大楼或小区的影响，甚至改变你所在的城市、国家以及这个世界上不合理的事情，你不再是生活里的无名氏，而是社会中活跃且负责的一部分。

　　没有任何人有特权独自掌控我们生活的世界。但我们每个人都可以在自己适合的领域倾尽所能，按照自己的特质和天性来改变这个世界，找到自己存在的价值和意义。

　　不论是谁创造了我们的宇宙，我相信他／她都赋予了人类改造宇宙的能力，尽管这种强大的力量常常被用来"破坏"环境，或是使得人与人之间的关系更加恶化，但我相信，我们可以通过具有创新性和革命性的方式，改变这个世界。

　　而且我相信，人类正在朝着一个"美好"的世界前进，在我们的世界中，人与人之间的爱和尊重不仅是抽象的概念，更是实现更好社会的先决条件。

　　这也一直是伟大的梦想家们和所有为人类发展做出重大贡献的人的心愿，他们坚信自己的力量可以给世界带来某种改变。

　　不管你有什么样的想法，我希望你能明白：我们在这个世界上的时间十分短暂，只有我们尊重自己可以改变世界的能力时，我们的生活才会变得独特和有意义。

互惠准则

我正在巴厘岛旅行。在这个独特的地方，每个角落无时无刻不让我感受到一种神圣感。

一位年轻的司机开车耐心地带我游览寺庙和未经污染的海滩。我向他请教，为什么岛上的每个人都如此友好？因为每次遇到陌生来客，我都能看见他们报以微笑。

多迪（这是司机的名字）向我解释说，他们的风俗令他们从小就养成了在生活中尊重三种事物的习惯：

第一，尊重自然栖息地；

第二，尊重动物以及其他所有生物；

第三，尊重人类（这令人吃惊！）。

他告诉我，他们的思想核心在于，人们对这三种事物的态度决定了他们的生活：你怎么对待它们，你就将怎么被对待。

他补充说，由于当地人相信"转世"，在下辈子，每个人都可能投胎转世成与现在不同的物种。而且人在等级制度中被认为是最接近神灵的，但也可能因不当的行为而被驱逐，投胎变成动物、昆虫、植物或矿石。这可能只持续几个轮回，也可能永远无法改变，直到你以新的身份，学会为自然界和神灵服务。因此，当你给予别的事物仁慈和爱意，你将得到回报，并且你的功德将得以不断的积累。

当我听完这番解释（我认为这是许多好的价

值观的综合体现），我联想到了我们现下的生活。
人们越来越物质主义的价值观，先是迅速统治了
西方世界，现在已经逐渐向东方一些国家渗透，
我希望多迪和当地的人民可以抵挡住这股风潮，
一直保持他们思想的纯净和淳朴。

　　他们的思想，简单地说，可以用一句古话来
概括：种瓜得瓜，种豆得豆。这其实可以帮助我
们解释，为什么我们经常会对周围发生的一切感
到措手不及，发现自己好像突然身处地狱。事实上，
气候变化、经济差距、移民流动和可憎的恐怖主义，
难道不是人类的选择和自身行为的直接后果吗？
人们的这些选择，常常是机会主义、贪婪、暴力
和偏执的源头，使我们越来越难体验到生活中美
好、善良、爱心和相互支持的存在。

　　好消息是，理解我们的观念并马上开始改变，

永远都不会太晚：也许，下次再见到陌生人时，可以露出一个微笑。

　　与一切更好地相处，不剥削一切事物，不论是自然、动物还是人；不要被任何带有恐怖主义、统治或暴力的想法洗脑，不去支持他们，这总是对我们有好处的。做到这些后，看看会给我们带来怎样惊人的效果吧。

谎言源于恐惧

　　我坚信，只要人类还因为生存需要而说谎，我们就永远不会有一个安全的世界。

　　在这个世界上每天都会有人说谎，没有例外，一天要说上无数次。

　　在谈论我们的真实情感、需求、目的时，我们不说实话，而是编造故事或刻意表达。

　　更可怕的是，我们甚至会对自己撒谎。我们试图相信对自己说的那些谎言就是真实的自我，我们还十分享受这些谎言为我们带来的暂时性成功和好处。

但请记住，这是暂时性的。

因为，为了维持以这种方式获得的成功，我们不得不制造更大的谎言。生活在虚伪的恐惧和紧张中，最终会导致我们失败，甚至使我们的身体和心理都产生疾病。

使我们获得安全感、健康和幸福的永远不会是谎言。当我们消除了自己最深的恐惧，并且在达不到自己期望的高度时宽恕自己，我们才会得到一生中真正的健康和幸福。

当谎言带来的紧张情绪消失时，真正的幸福才会到来。当我们能够毫无保留地展示我们的内心和最真实的想法，而不必担心是否恰当或会不会被拒绝的问题时，我们才会远离不安和恐惧。

真实地活着是我们能做的最勇敢的决定。

如果我们想减轻活着的痛苦，不论是由于身体上还是心理上的疾病，我们就要去感受周围发生的一切，去试着体会当我们在没有谎言的世界里生活时放松的感觉。

首先，不要对自己撒谎，承认我们的恐惧、受伤和脆弱，就像接受我们的天赋和资源那样接受它们，这只有我们自己可以做到。

我们应该对自己不满意的部分或不愉快的生活经历，投入更多的爱和同情。

这是唯一能使我们的生活和世界变得平静的真正办法。

当所有的谎言都被揭开和击败时，人类将得救，更重要的是，那时我们将知道谎言是毫无益处的。

"报复者"与"自愈者"

　　作家玛丽亚·佩斯·欧提丽（Maria Pace Ottieri）曾出版过一本书《来到这个世界后，你就不能再逃避》，后来，这本书被导演马可·塔利奥·佐丹纳（Marco Tullio Giordano）改编成了一部精彩的电影作品。

　　我十分欣赏这个标题，因为它很好地概括了人类的生存状况：从出生起，即使脆弱，我们也不得不面对生活。甚至在出生前的整个孕育过程，当我们还在妈妈肚子里时，我们就开始应对各种各样的事件。我们无法选择我们的生活。

　　我们无法选择我们的家庭和父母，也无法选择幸福和健康的生活所需要的各种条件。

　　在最理想的情况下，我们的各种要求都能被满足。但即使有的人出生就是幸运儿，在童年和青春期阶段，他们依然很难避免犯错和受到伤害，严重的时候，这些伤害会成为他们的心理创伤。

　　这些事情总在我们还没有能力处理消极事件带来的情绪压力的阶段发生，我们伤痕累累，完全不知道如何应对，甚至都没有意识到它们对我们造成了伤害。

　　但有时正是这些伤害，它们摇身一变成了我们的导师，使我们更加强大和成熟。

　　然而，在大多数情况下，它们只是被我们遗忘，抛在脑后。因为对我们来说，它们只代表我们难以承受的情感负担和不能倒退的过去。更糟糕的是，由于我们不愿意直接面对并处理这些伤口，这些伤口还会继续以不同的形式，微妙地介入我们的生活。

成年后，我们会制定自我保护策略。简单地说，面对过去的消极经历，人们会有两种不同的反应模式：第一种，他们会尝试对不幸的过去进行弥补和修复；第二种，他们会采取报复行为，以补偿受到的伤害。这两种反应模式都是无意识状态下发生的。

作为一名心理治疗师，根据在平时生活中对人们的观察，我总结出两种类别的人，这两种人分别对应不同的自我保护策略，即自愈者和报复者。

想想周围的人，你能在其中分辨出这两类人吗？

从我曾经的行为和选择（甚至是无意识的行为）来判断，我相信我属于第一类人，也就是自愈者。不止一次，我不得不阻止自己，不要再试图去承担整个人类社会的责任和思考拯救世界的问题。当然，这是一种高尚的想法，是为社会所赞扬的，但是当我们的能量消耗过多时，肯定会出现健康风险。当我最终了解，我的这种"强迫症"是和我过往的消极经历有关时，我便更加自由和有意识地运用这种"自愈"的能力。

自愈者的杰出典范之一无疑是纳尔逊·曼德拉。尽管他度过了一个可怕的童年，成年后又遭受到各种不公正待遇，但他从未停止相信，在殖民政策和种族隔离阴霾下的祖国依然有可能实现和平和统一。在监狱待了二十七年后，他终于成了南非第一位黑人总统。

在报复者的队伍中，身居高位、财力雄厚的人并不少见。但这并不代表事业的成功总是和"报复"的冲动有关。

在富豪和位高权重的人之中，也有许多自愈者，如果想分辨出其中的自愈者和报复者，只需看看他们是如何对待他人和社会的。许多自愈者是慈善家和捐助人。

与之相对，真正的报复者以自我为中心，贪婪是他们的标志。他们剥削他人，在别人身上谋取利益；对于他们已有的财富，他们永远不会感到满足；他们不会利用财富，他们的欲望就像无底洞，希望永无止境地增加他们的权力和荣誉。

每个报复者几乎都有一段"丧失自我认可"的经历，这可能是由于儿时看护人对他的忽视或拒绝他的需要造成的；他缺乏爱，这给他的生存权和人格健全造成了痛苦和威胁。

报复者不只出现在所谓的富豪中，我相信，只要稍加注意，你就会发现有很多的普通人，甚至是和你最亲密的人，都是这其中一员。

重要的是要了解，通过消除记忆或是间接补偿来修复伤口，很难使我们得到真正的满足和安抚。我们取得的成功和荣誉，只是我们缺少的爱、支持、认可和保护的替代品。

只有认识我们自己，接受真正的我们（正是生活带给我们的委屈和挫折造就了我们），我们的灵魂创伤才能得到真正的治愈。

你的名字代表不了你

你的名字代表不了你。

你的身材和体重代表不了你。

你的年龄代表不了你。

你的地址代表不了你。

你的工作代表不了你。

你的家人代表不了你。

你的朋友代表不了你。

你的学历代表不了你。

你在银行里的存款或者债务代表不了你。

你穿的衣服代表不了你。

你的房子、汽车、电话、电脑、电视，统统

都代表不了你。

它们都只是一部分你的临时代表。这些小标签只是给你做好标记，使这个世界能更清晰简洁地认识你。

如果你认为它们代表了你的话，也没关系。重要的是，你要知道，这些物质不可能满足你追求的平静和安全感，也绝不可能带给你一段长久的幸福。因为名字、物质、角色和关系都是不断变化的，一旦失去你认为的这些身份的象征，你就等于失去了自己。

那么，你到底是谁？ 如果把这些标签和定义一个一个撕去，你还剩下什么？

你可能难以想象，如果所有这些标签都消失了，你其实还是那个你。

"名字有什么意义呢？"莎士比亚曾问道。小说中，罗密欧与朱丽叶交谈时说："如果玫瑰不再叫玫瑰了，它就会失去它的美丽和香气吗？"

万物都有自己的本质，使自己与众不同，正是通过这种本质，我们才了解某件事物，而不是通过多余的装饰和称谓来认识它。

当然，要放弃自己的名字、特征、财富和外表这些身份标签，可能会令人望而却步。但是，请你试着去了解自己永远不会改变的那部分，它比任何那些不稳定的身份标签要令人安心得多。

即便你还没有发现它，或者还不知道在哪里找到它，这种不变的事物也一直会是你的一部分。它是唯一能体现什么是真正的你的东西，包括你最真实的自我，比如：你的天赋、你的独特和你的人生计划等等。

它是无形的，不会因为你的身体或者你发生的变化而改变。

　　它不属于物质世界，正因为如此，它将不会参与到物质世界的种种变化之中。

　　你可以感知到永恒不变的它，哪怕一点点，它都始终存在于你的身体里。如果你读到这段话，并且感知到它确实存在，那么也许你和你真正的"自我"又近了一步。

　　有一次，我在照镜子时，偶然感知到了它的存在，因为我注意到某一部分的我从不会发生改变，从我有记忆时它始终就是那样。这个不变的它，也会看着镜子里的你随着时间的推移，外表不断地发生变化。

　　你可以认为它是你的灵魂，或者是你的内心力量，总之，它能够感受到你的内心。

　　它就在那儿，在一个自然而不变的维度里，你一定能找到它。

无须畏惧

不用忧虑，不用畏惧。

即使遇到了生活中最糟糕的事情，你也只会有刹那的恐惧。

想象你在游乐园的鬼屋里玩的场景。你穿过漆黑的路，有时会被那些藏起来的"鬼"吓得发抖。

但是你接受了挑战，你发现自己变得更加强大，你甚至觉得恐惧也是一件有趣的事。当你走出鬼屋时，你笑得很开心。

因为你发现，光明一直在那儿等待着你，最终这只是一场游戏、一场梦、一种幻觉。

没有什么可以伤害你的。

因为你是上天宠爱的孩子。

找回我们的主动权

ᐯ
ᐯ

　　多年来，我一直在以不同的身份与"幸福"打交道，先是作为心理学家，然后是作为艺术家，最后是以研究者的身份。

　　要了解幸福，首先要深刻地认识它的对立面。在研究人们不幸福、沮丧或抑郁（这种现象在西方十分严重，即使人们生活的舒适和福利程度非常高）的现象时，我发现：人们不幸福的原因与生活的客观条件并无太大联系，而是由我们面对发生在我们身上或周围的负面事件的方式决定的。

我们有时会以消极和否认的心态来处理棘手的事情，我们并不是有意去伤害自己，而是由于我们从过去发生的糟糕事件中汲取了经验，从而产生了一种条件反射，形成了我们的"反应型"第二人格。

这种第二人格也是我们的一种化身，它和真实的"本我"一同存在于我们的身体里。当感受到不幸福、沮丧或抑郁的情绪时，它会自然地做出习惯性的反应。

简单来说，不幸福其实是由我们一种糟糕的条件反射引起的。就是这样。

值得庆幸的是，人类是这个宇宙中唯一能够进行自我观察的生物，因此我们可以有自主意识地决定自己的思想、感觉、情感和行动。我们可以选择追求幸福，而不是沉浸在不快乐、委屈、沮丧的情绪中，这才是我们需要拥有的可持续的态度，就像人类其他的能力一样，我们也可以掌握它。

你随时可以调转你人生的方向盘。但是，如果你连开始行动的决心都没有，就不可能有任何改变。好比你想减肥，就必须开始调节饮食；想拥有更健康的体魄，则要经过长期而持续的锻炼。因此，如果想要成为和现在的自己不同的人，尤其是当你经常感到不幸福或沮丧时，你必须做同样的事情：行动起来，明白你总是有选择的余地。

当然，即使感觉到形势对它不利，你的第二人格还是不愿意退出舞台，把位置让给这个自信、积极、感恩和乐观的你，因为这个你与它并不一样。它开始抗议，告诉你，你只是生活的受害者，因为有些事情是你躲不开的，你是"被迫"做出尝试和感受它们。它会找出千万个理由证明你就是不幸福的，来抵抗和说服你。

为了帮助读者朋友们，我必须提醒大家：我知道一些人，他们以一种出人意料的方式来报复自己曾受过的伤害，甚至造成了难以想象的暴行和悲剧。他们认为这些糟糕的事件是自己意想不到的，使他们的人生发生了转折。我认为，其实你可以在任何时候选择做出改变。请记住，像运动员一般坚持下去，直到你做回你真正喜欢的自己。

告诉自己

　　我热爱生活，爱它本来的样子。我不会浪费时间去试图控制、断定、否认某些事，或是认为只有我喜爱的是正确的、可接受的和完美无缺的。

　　我这样做，不是因为我被动地接受发生在我身上的一切，而是因为我深深地、全方位地爱自己，我感受到自己得到宇宙的爱和支持，即使我在睡觉时，它们也使我的生命得以继续维持，我身边的人、世间的美丽和爱使我得到滋养。我幸福地接受这一切，尤其是当我没有做任何应得的事情时。

　　我认为所有与我相关的事物，或未来会与我相关的事物，都是完美的，包括折磨、疾病、痛苦、分别和死亡，这是我无法避免的。

　　我带着爱意，将我的经历分享给其他人，分享给这个世界，我并不懂得宇宙的奥秘，但我信任它，因为我因它创造而来，是它的一部分，在我的身上，也具有与它相同的本质。

　　我热爱生活，爱它本来的样子，因为我在这里，我还活着，我可以时刻与他人分享我的存在，我可以爱自己、爱他人；我可以随时随地决定去做，而不必等待别人的差使。

　　我热爱这一生，因为我不一定会有下辈子。即使有，它将永远不会与现在一样，即使下辈子我在某些方面变得更好，那还是不同的我，失去了此时此刻所爱着的人和事物的我。

我爱这一生，爱所有的所有。

重拍你的人生电影

亲爱的你，该醒来了。

你的人生一直交织着美梦与噩梦。许多年来，你每天都机械重复地生活，毫无变化。每天，你都会走进只有一部电影的电影院。那部电影的主人公是曾经的你，他想找回以前的你的身份与个性；他总是在打同一场仗，但从没有赢过。

你整天待在电影院里，期待着电影会发生变化，结局会有所不同，哪怕是有人打开了电影院的灯也好。可是，那部电影没有结局，也没有人可以改变情节，除了你自己。

走出电影院吧，你可以做到的。恐惧只会持续一瞬间。然后，你就可以在某个你不认识的城市中自由漫步。你可以无拘无束地自由看待每件事物、每个人，你不需要发表观点或评论，就像是第一次看到这些东西一样。

用一个天真孩童的新鲜感去享受一会儿生活，忘记过去。也这样重新审视一下自我，仿佛是你第一次认识自己。记住这种一切都是未知的感受，不需要做任何判断或发表见解。

哪怕你只这样做几秒钟，你就会感受到什么是真正的清醒，你很难再回到之前的生活。你感受到一种奇妙的惊喜感，同时，你还感到身体放松，怀抱感恩。

你将会明白，那浩瀚的自由空间在那里等你。从这里出发，你可以随心所欲地去你想去的地方，但当你过去的生活想让你重新回到它的束缚里，你也可以选择回去。

你会回到那条街，那儿曾经有一家电影院，永远都放映着同一部电影。

那里还有一张褪色的海报，主角看起来很是自以为是，他对自己的信仰坚信不疑。你勉强地回忆起来，不知道为什么，看着海报，你有了一种亲切感。

结语

>>>

　　我认为，我们每个人从出生起，就拥有一种强大的内在能量。我们是这个世界的共同创造者，而不是改变不了命运的"受害者"。罗列出糟糕的事、指责他人的过错、抱怨、诅咒、责骂、怀疑或放弃希望，这些都不是我赞同的做法。而且，这些做法对改变事态的发展绝对是无济于事的。

　　我相信，当我们跌落谷底时，我们一定可以重整旗鼓（尤其是当我们学会了如何寻求帮助）。我明白，犯错误或受委屈对每个人来说都是不可避免的，它们是生活这场游戏中不可或缺的一部分；但我们可以改变自己的思维方式，行动起来。

我认为，我们需要从生活中找到更多的理由去感恩，而不是责备和自我怜悯。我坚信，世界永远都可以更好，只要我们每个人都承担起自己的责任，我们就可以拥有更加美好和公正的世界。

正是这些简单的信念使我实现了一些看似遥不可及的梦想，克服了一些痛苦与失败。最重要的是，在我做每一件事的时候，它们激励着我，指引我如何去做，为什么去做。

当然，这些信念也鼓舞着我将这些简单的想法分享给你们，我希望通过它们，能够改善我们的生活，帮助到那些和我们关系紧密的人。

如果有更多的人能够运用本书中的态度与观点去生活，对所有人来说，都将是一件好事。

对于这点，我深信不疑。

致谢

　　本书得以出版，得益于许多因素。我要感谢许多由于命运的机缘巧合而出现在我生命里的人。

　　很多年前，我决定创建一个名为"半满的杯子"的博客。在这个博客里，我逐渐累积了一些我关于世界的想法和思考，这些想法与平时大家常看到的内容有所区别。

　　我没有想到的是，我的博客竟然引起了成千上万的网友的注意，他们从我的文字中重新真正找到了自己。

他们回复时写道，对他们很多人来说，我的一篇简单的文章，能给他们带来心灵上的慰藉。甚至对很多人来说，这些文章成了他们人生的转折点，由于学会了新的思维方式，他们的人生方向发生了突然转变。

从这之后，我就开始有了新的想法：或许我可以从博客的内容分享，发展到写一本书。

因此，感谢所有这些不知名的与我同行的同伴。当我做这件事的意志产生动摇时，是你们一直支持着我。这本书献给每一个你，我希望它不仅在你们的床头柜上，也会在你们人生旅途的任何一个角落陪伴着你。希望你们的人生总是充满惊喜。

我还要感谢这本书的首批读者们，他们鼓励

着我前进：感谢我的妻子萝伯塔（Roberta），我的妹妹苏西（Susy）和我的兄弟安吉洛（Angelo），他们是我最细致、最能胜任和最严格的读者，我无条件信任他们；感谢我一生的挚友：托尼·托马西（Toni Tommasi）和安东尼奥·曼齐尼（Antonio Manzini），他们审稿时绝不含糊；感谢带着感情与尊重阅读我的书的玛丽亚·丽塔·帕西（Maria Rita Parsi）；还要感谢索西亚·皮斯托亚（Sosia Pistoia）文化传媒公司的伙伴们：路易莎·皮斯托亚（Luisa Pistoia）、费德里卡·雷莫蒂（Federica Remotti）和基亚拉·梅洛尼（Chiara Melloni）。

　　我还要特别感谢罗塞拉·潘尼加蒂（Rossella Panigatti），我们是在分享美好世界的道路上相识的。如果没有她的慷慨相助，本书也许不会出版，至少不可能这么迅速。

　　最后，我也要感谢在读这本书的你。我不知道你能否将之前读过的内容真正地运用到你的生活中去。但是我希望，在你遇到人生躲不掉的难关时，这本书能一直陪伴着你，让你走出困境时的每一步，都更加强大和坚定。